생명공학 기술과 바이오 산업

고려대학교핵심교양 **2**

생명공학 기술과 바이오 산업

김승욱

KU PRESS
고려대학교
출판문화원

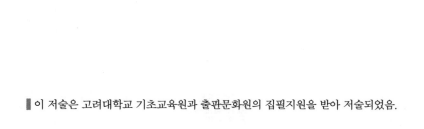

▌이 저술은 고려대학교 기초교육원과 출판문화원의 집필지원을 받아 저술되었음.

머리말

전 세계의 많은 나라에서 가장 중점을 두고 있는 보건의료, 에너지, 환경 분야는 국가 안보와 밀접하게 연결되어 있으며, 많은 투자와 함께 관련 기술이 급속도로 발전하고 있다. 이와 관련된 가장 중요한 기술들로는 생명공학 기술, 정보통신 기술, 나노 기술, 에너지·환경 기술, 우주 기술, 문화 기술 등이 있다. 현재 각 분야 간의 융합이 이루어져 새로운 기술들을 선보이고 있으며, 특히 생명공학 기술은 이러한 융합 기술을 창조하는 데 매우 중요한 역할을 하고 있다.

생명공학 기술을 바탕으로 바이오 산업은 지속적으로 성장하고 있으며, 바이오 경제도 활성화되고 있다. 따라서 기본적인 생명공학 기술과 다양한 바이오 산업을 이해하는 것은 현대 생활에서 매우 중요하다고 생각되어, 저자는 오랫동안 핵심교양 과목을 강의해 오면서 내용을 다듬어 책으로 묶었다. 이 책의 제목인 '생명공학 기술과 바이오 산업'에서 보여주듯이 생명공학 기술을 어떻게 바이오 산업에 응용하는가를 교양 수준에서 알기 쉽게 설명하려고 노력하였다.

제1장에서는 우리나라의 산업과 기술의 발전을 간략하게 설명하였고, 제2장에서는 바이오 산업에서 가장 중요한 재료인 생물자원의 기본적 개념과 응용 분야에 대해 예를 들어 설명하였다. 그리고 생물자원 중 매우 중요한 세포와 효소의 역사, 기능, 특성 및 응용 분야에 대해 제3장

과 제4장에 각각 쉽게 풀어썼다. 제5장에서는 세포와 효소를 이용하여 다양한 생명공학 제품을 생산하는 과정, 제6장에서는 생명공학 제품을 생산하는 생물반응기의 종류와 특성, 제7장에서는 생명공학 제품의 효율적인 생산을 위한 고정화 기술, 그리고 제8장에서는 최종 제품을 분리하고 정제하는 방법에 대해 체계적으로 설명하였다. 제9장은 응용 분야로서 생물자원을 이용한 바이오 의약 산업 분야와 제품을 위주로 한 전반적인 경향에 대해, 제10장은 미래 생물자원인 바이오매스를 이용한 바이오 화학 산업의 기본적 개념과 응용 분야에 대해 설명하였다. 이해를 돕기 위해 가능하면 그림과 사진을 많이 넣으려고 노력하였다.

이 책이 완성되기까지 그림과 사진 작업을 위해 애써 준 고려대학교 화공생명공학과 생물공정연구실의 이수권 군, 양지현 군, 그 밖의 대학원생들에게 감사의 뜻을 전한다. 또한 이 원고를 마무리할 수 있게 연구년을 허락해 준 태국 출라롱콘대학교 식물학과 훈자(Hunsa) 교수, 세하나트(Sehanat) 교수, 퐁타린(Pongtharin) 교수에게 감사의 뜻을 전한다. 책을 쓰는 과정에서 끊임없이 용기를 북돋아 주었던 아내 조은경, 딸 김경연, 아들 김유식에게도 감사의 뜻을 전하며, 천국에 계신 내 아버지께 이 책을 바친다.

마지막으로 이 책을 출간하게 해 준 고려대학교 출판문화원과 기초교육원에 깊은 감사를 드린다.

2016년 9월 안암동에서

묵암 김승욱

차례

제1장
우리나라의 산업과 기술,
그리고 바이오 산업

한 국가의 경제 발전을 이해하기 위해서는 우선 과학, 공학, 기술과 산업의 기본적인 상관관계를 아는 것은 매우 중요하다. 경제를 창조하는 산업은 자연적으로 형성되는 것이 아니라 기본적인 과학 지식으로부터 시작된다. 여기에서 과학은 자연과학뿐만 아니라 인문과학 및 사회과학 등을 모두 포함한다. 일반적으로 정부나 기업체에서 그 시대의 수요나 필요성에 따라 과학과 공학 분야의 교육 및 연구에 투자를 한다. 이러한 투자를 통해 많은 결과를 얻을 수 있는데, 과학의 경우는 주로 새롭고 근본적인 기초 지식을 얻는 것이 매우 중요하고, 반면에 공학에서는 과학에서 얻은 유용한 지식들을 이용하여 새로운 기술을 창조하는 것이 중요하다.

공학의 기능은 지속적으로 새로운 기술을 개발함으로써 다양한 산업을 형성할 수 있는데, 이러한 과정에서 제일 중요한 것이 지식재산권을 바탕으로 한 기술 이전이다. 지식재산권을 보호하기 위해서는 국내외 특허 출원 및 등록이 우선적으로 진행되어야 하며, 우리나라와 미국 및 EU의 경우 보통 20년간 그 유효성이 인정된다. 특허 전쟁의 좋은 예로서 삼성과 애플 사이의 스마트폰 관련 기술 등에 대한 최근의 대립을 들 수 있다. 현재 많은 회사들이 특허 등 지식재산권 분쟁에 대응하기 위해 전문 인력들을 보강하고 있다. 특허 괴물로 불리고 있는 특허 관리 전문회사에 대한 대응 역시 전쟁을 방불케 한다. 특허를 바탕으로 한 기술 이전을 통

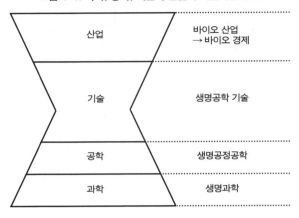

그림 1-1. 과학, 공학, 기술과 산업의 기본적인 관계

산업	바이오 산업 → 바이오 경제
기술	생명공학 기술
공학	생명공정공학
과학	생명과학

하여 기업체들의 산업 활동이 활발해지고 국가의 경제가 발전한다. 이러한 일련의 과정에서 가장 중요하게 상기할 것은 근본적으로 모든 활동이 사람을 위한 것이라는 인문학적인 면을 신중하게 고려해야 한다는 점이다(그림 1-1).

우리나라의 산업 발전 역사를 살펴보는 작업을 통해 현재에 할 일을 알 수 있을 뿐 아니라 실패를 최소화할 수 있을 것이다. 과거를 통하여 미래를 완벽하게 예측하기란 쉽지 않지만, 최소한 미래를 창조할 수 있는 성장 동력을 가질 수는 있다. 사실 우리나라는 1960년 당시 1인당 국민소득 79달러라는 상당한 빈곤 상태에 있었는데, 1960년대부터 1980년대까지 정부의 꾸준한 경제 정책과 제도를 바탕으로 빈곤에서 벗어날 수 있었다. 1962년 제1차 경제 개발 5개년 계획을 시작하여 섬유 산업을 중심으로 지속적인 경제 성장을 하였으며, 특히 1970년대 초반 철강, 석유화학, 자동차, 기계, 조선, 전자 등의 중화학 공업을 집중 육성함으로써 현재와 같은 발전을 이루는 데 있어 밑바탕을 마련했다.

1970년대와 1980년대의 제1차, 제2차 오일 쇼크, 1980년대 후반의 노사 분규, 1990년대 말의 외환 위기 등 여러 차례 경제적인 위기가 있었

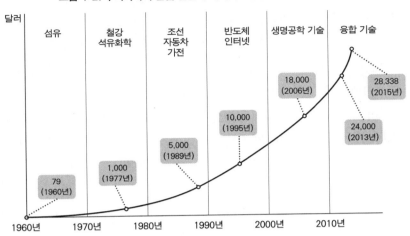

그림 1-2. 우리나라의 산업 발전의 역사와 1인당 국민총소득의 증가

달러

| 섬유 | 철강
석유화학 | 조선
자동차
가전 | 반도체
인터넷 | 생명공학 기술 | 융합 기술 |

79
(1960년)

1,000
(1977년)

5,000
(1989년)

10,000
(1995년)

18,000
(2006년)

28,338
(2015년)

24,000
(2013년)

1960년   1970년   1980년   1990년   2000년   2010년

으나, 중화학 공업을 꾸준히 육성해 왔고, 탄탄한 대기업들이 형성되어 슬기롭게 위기를 탈출하였으며, 일부 대기업이 반도체 산업에 진출함으로써 산업 구조가 급격히 변화하기 시작하였다. 반도체 산업이 발전하고 다양한 제조업이 꾸준히 성장함에 따라 1인당 국민총소득도 지속적으로 증가하여 1995년에 1만 달러를 돌파한 후, 12년 만인 2007년에 처음으로 2만 달러를 이룩하고, 2015년도에는 약 2만 8천 달러에 이르렀다(그림 1-2).

　참고로 국민소득이란 한 국가의 생활수준 및 경제 활동이 전년도에 비해 어느 정도 향상이 되었는지를 보여 주는데, 일반적으로 1년 동안에 발생한 부가가치를 합해서 나타낸다. 국민소득을 정량적으로 나타내기 위해 사용하는 지표로는 국민총소득 GNI(Gross National Income)와 국내총생산 GDP(Gross Domestic Product)의 2종류가 있다.

　국민총소득은 한 국가의 국민이 생산 활동에 참여하여 벌어들인 소득의 합계로 정의된다. 여기에는 자국민이 외국에서 벌어들인 소득은 포함되지만 국내에서 외국인에게 지급한 소득은 포함되지 않는다. 국내총생산은 한 국가에서 생산된 재화와 서비스의 가치를 모두 합한 것으로 정의한다. 여기에는 자국민이든 외국인이든 국내에서 생산한 것만 포함된다.

현재 우리나라의 산업 발전에 있어서 매우 중요하게 작용해 온 요소가 무엇인지를 생각해 보아야 한다. 또한 앞으로의 글로벌 무한 경쟁 사회에서는 어떠한 요소들이 중요한 자리를 차지하게 되는지 지속적인 관찰과 분석이 필요한 것이다. 이러한 면에서 우리나라의 산업 특성을 관찰해 보면 1980년대부터는 정부의 정책과 제도에 의존하기보다는 제품과 기술의 개발에 중점을 두는 패러다임의 변화에 잘 적응하였고, 2010년대에는 다행히도 사회와 문화에 중점을 두어 개발도상국형 패러다임에서 선진국형 패러다임으로 진입함으로써 미래에 대한 많은 가능성을 보여 주고 있다. 이에 대한 좋은 예는, 우리나라에서 제조업 중심적 사고에 젖어 아이폰을 늦게 도입함으로써 글로벌 경쟁에서 뒤처지는 위험에 빠진 적이 있었는데, 이를 잘 극복하여 이제는 선진국과 나란히 경쟁하고 있다. 이러한 바탕에는 기본적으로 지속적인 교육을 통한 전문 인력의 양성과, 뒤에서 언급하겠지만, 산·학·연·관의 긴밀한 협력 관계가 매우 중요한 요소들로 작용했다고 판단된다.

앞으로도 우리나라의 다양한 산업이 경쟁력을 가지려면 지금보다 더 적극적으로 선진국형 패러다임으로 전환해야 할 것이다. 이를 통하여 새로운 성장 동력을 창조하여 창조 경제를 구현할 수 있을 것으로 판단된다. 많은 전문가들이 현재 우리나라의 성장 동력의 엔진에 이상이 생겼다고 우려한다. 하지만 성장 동력이라는 것은 새로 만드는 것이라기보다는 현재까지 쌓아 온 기존의 전통 제조업을 바탕으로 새로운 기술력과 전문성을 가진 인력을 더하여 창의적인 산업을 발굴함으로써 고부가가치 산업을 만들어 가는 힘을 뜻하는 것이다.

예를 들면 우리나라 선수들의 스피드스케이팅 실력이 동계올림픽에서 두각을 나타내고 있는데 적극적인 투자와 스포츠 과학이 큰 역할을 한 것으로 알려져 있다. 세부적으로는 장기간의 지속적인 투자, 선수들의

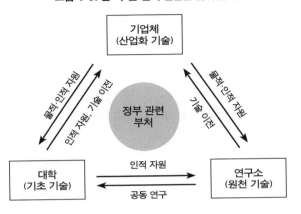

그림 1-3. 산·학·연·관의 긴밀한 협력 관계

기초 체력 향상, 공기 저항을 줄이는 첨단 소재의 유니폼, 쇼트트랙의 기술 접목 등이 커다란 역할을 했다고 전문가들은 분석하고 있다. 세계를 제패한 이러한 성공의 밑바탕에는 과학, 공학, 기술, 인력, 투자 등에 대한 요소들이 모두 포함되어 있다.

산업의 발전도 이와 비슷하게 앞에서 언급했던 과학, 공학, 기술과 산업과의 연관 관계를 성공적으로 운영할 수 있는 시스템을 확립하는 것이 중요하다. 이를 위해 정부기관, 기업체, 대학, 연구소가 갖고 있는 각각의 기능을 살려 그 역할을 충실히 수행하고 산·학·연·관의 긴밀한 협력 관계가 필요한 것이다. 또한 지금까지 산업 발전을 주도해 온 대기업 위주의 발전보다는 가능성 있는 다양한 중소기업들을 배양하여 대기업과 중소기업이 서로 협력할 수 있는 시스템을 구축하는 것도 매우 중요하다 (그림 1-3).

국가 및 조직의 발전을 위해서는 어느 분야를 막론하고 다양성이 매우 중요하다는 것은 역사적 사실로부터 알 수 있다. 1840년대 아일랜드에서는 곰팡이에 의해 생기는 감자잎마름병이 전역에 확산되어 대기근을 겪게 되었다. 이로써 약 100만 명이 기근으로 사망했고 수백만 명의 국민이 미국으로 이주하였다. 감자는 아일랜드의 주식이었다. 아일랜드를 식민

지배하고 있던 영국의 착취가 있기도 했고, 수많은 감자 품종 중 생산성과 품질이 좋은 품종만 골라 재배하는 바람에 이 품종이 감자잎마름병에 저항력이 없어 피해가 확대되었다. 다양성과 생물자원의 보전이 중요하다는 사실을 알 수 있다. 흥미로운 사실은 포드사를 설립한 헨리 포드, 맥도날드사를 설립한 패트릭 맥도날드, 존 F케네디 등이 아일랜드 이민자들의 후손이라는 점이다. 감자잎마름병이 없었다면 미국에서 이러한 유명한 사람들이 탄생했을지 모르겠다.

우리는 이러한 역사적인 사실에서 아일랜드 기근이 감자의 다양성과 직접적인 관련이 있다는 것을 알 수 있다. 남아메리카 인디오의 현명한 감자 보관법과 관련하여 윤재철(1953-) 시인이 쓴 〈인디오의 감자〉라는 시로 생물자원의 다양성에 대해 음미해 보자.

텔레비전을 통해 본 안데스산맥
고산지대 인디오의 생활
스페인 정복자들에 쫓겨
깊은 산 꼭대기로 숨어든 잉카의 후예들
주식이라며 자루에서 꺼내 보이는
잘디잔 감자가 형형색색
종자가 십여 종이다

왜 그렇게 뒤섞여 있느냐고 물으니
이놈은 가뭄에 강하고
이놈은 추위에 강하고
이놈은 벌레에 강하고
그래서 아무리 큰 가뭄이 오고
때아니게 추위가 몰아닥쳐도
망치는 법은 없어
먹을 것은 그래도 건질 수 있다니

전제적인 이 문명의 질주가
스스로도 전멸을 입에 올리는 시대
우리가 다시 가야 할 집은 거기 인디오의
잘디잘은 것이 형형색색 제각각인
씨감자 속에 있었다

    다양성을 확보하지 못해 실패한 또 다른 사례로서 핀란드의 대표적인 기업 노키아를 들 수 있다. 노키아는 1865년 제지 회사로 시작하여 1990년대에 IT 분야에 집중하면서 세계적인 IT 기업으로 성장하였으나 연구 개발에 투자를 소홀히 하고 세계적인 변화에 적응하지 못함으로써 삼성과 애플에 시장을 빼앗겼다. 결국은 미국의 마이크로소프트사에 인수되면서 몰락하고 말았다. 그나마 핀란드를 위해 다행인 것은 노키아에서 근무하던 인력들이 창업한 새로운 기업이 300여 개가 된다고 한다. 그 밖에도 소니, 휴렛패커드, 코닥 등 세계적인 많은 기업들이 여러 가지 비슷한 이유로 어려움을 겪거나 몰락하고 있다. 이러한 경우들을 보면서 거미줄처럼 얽힌 글로벌 경제 시대에는 대기업과 중소기업이 상생하면서 미래의 변화에 대해 예측하고 생존 경쟁에서 우위를 점하기 위해 끊임없이 노력하고 발전해야 함을 알 수 있다.

    현재 전 세계 다양한 분야에서 꾸준하게 개발되고 있는 매우 중요한 6가지 기술이 있다. 생명공학 기술(BT: Biotechnology), 정보통신 기술(IT: Information Technology), 나노 기술(NT: Nanotechnology), 에너지 환경 기술(ET: Energy & Environmental Technology), 우주 기술(ST: Space Technology), 문화 기술(CT: Culture Technology) 등이 그것이다. 각 분야에서 기술 개발이 급속하게 이루어지고 있고, 특히 각 분야 간의 융합이 이루어져 새로운 기술을 창조하고 있다. 이를 융합 기술(Fusion Technology)이라 하며, 또 다른 말로 컨버전스(Convergence) 기술이라고도 한다. 예를 들면 BINT는 생명공학 기술, 정보통신 기술, 나노 기술이 융합된 기술로 제작된 단

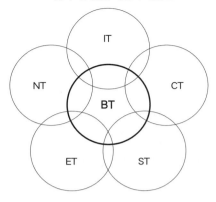

그림 1-4. 융합 기술의 개념도

단백칩 같은 나노바이오칩이 있다. 이는 정보통신 기술에서 사용하는 반도체 기판에 나노 크기의 바이오 물질인 단백질이나 효소를 결합시켜 만들므로 전형적인 융합 기술의 산물이라 할 수 있다(그림 1-4).

우리나라 정부에서 생명공학을 육성하기 시작한 때는 1982년 과학기술부에서 생명공학을 핵심 전략 기술로 선정하면서부터이다. 특히 1983년도에는 "유전공학 육성법"을 제정하였고, 이와 동시에 많은 대학들에서 유전공학과가 출범하였다. 지금은 학과 이름이 대부분 생명공학과 또는 생명과학과로 바뀌었다. 또한 유전공학센터(현재 생명공학연구원)를 설립하여 생명공학을 지원하기 시작하였다.

생명공학 기술이란 개념은 미생물, 동식물 세포 및 효소를 이용하여 많은 다양한 분야에서 대학, 연구소, 산업체 간 상호 협동 연구를 통해서 다양한 생명공학 제품을 만들어 내는 과정에 기초를 둔다. 이 과정에 관련된 분야는 수없이 많은데, 생물학, 미생물학, 생화학, 분자생물학, 분자유전학 등에 기초를 둔 상부 기술과 생물화학공학에 기초를 둔 하부 기술이 상호 간에 잘 조화되어야만 성공적인 제품을 만들어 낼 수 있다. 상부 기술은 주로 생물체나 그 구성 성분의 기능과 정보를 밝혀내고, 하부 기술은 생물 공정에 중점을 두고 있다. 특히 생물 공정은 균주 개발, 생산물의 대량생산, 생산물의 분리로 크게 나눌 수 있으며, 이 분야들에 대해 많은 연구가 수행되고 있다. 이를 통하여 바이오 산업이 형성되었으며, 궁극적으로는 바이오 경제가 창조되어 점차로 그 규모가 커지고 있다.

생명공학 기술에는 분야별로 상당히 많은 종류의 기술이 포함되지만,

4가지 주요한 기술을 색깔로 나누면 다음과 같다. 적색 생명공학 기술(Red Bio-technology), 백색 생명공학 기술(White Biotechnology), 녹색 생명공학 기술(Green Bio-technology), 청색 생명공학 기술(Blue Biotechnol-

그림 1-5. 색깔로 나타내는 주요 생명공학 기술

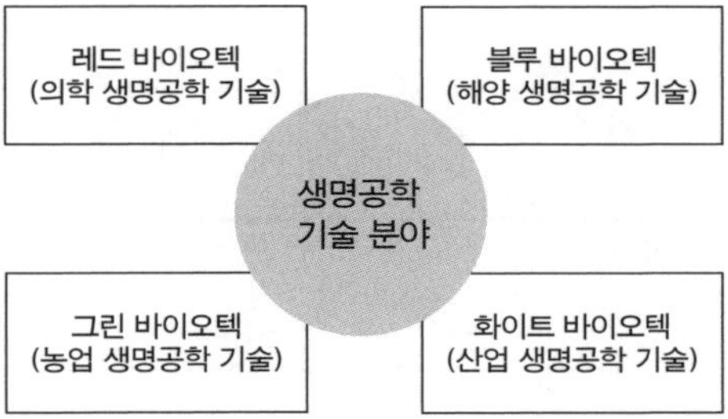

| 레드 바이오텍
(의학 생명공학 기술) | 블루 바이오텍
(해양 생명공학 기술) |

생명공학
기술 분야

| 그린 바이오텍
(농업 생명공학 기술) | 화이트 바이오텍
(산업 생명공학 기술) |

ogy)이다. 적색 생명공학 기술은, 빨간색이 피를 상징하므로 의학 생명공학(Medical Biotechnology)을 말하며, 바이오 신약 및 바이오 장기 등 보건 의료 분야가 이에 해당한다. 백색 생명공학 기술은 바이오 연료나 흰색의 생물화학 제품을 생산하는 기술로 바이오 공정 및 바이오 에너지 분야 등이 포함되며, 산업 생명공학 기술(Industrial Biotechnology)을 뜻한다. 녹색 생명공학 기술은 녹색의 식물을 다루는 기술로, 대표적으로는 유전자 변형 생물체(LMO: Living Modified Organism) 또는 유전자 변형 작물(GMO: Genetically Modified Organism)이 있으며, 건강 기능 식품을 포함하는 농축산 식품 분야이다. 청색 생명공학 기술은 푸른 바다를 연상하므로 해양 생명공학 기술(Marine Biotechnology)이라 할 수 있다. 해양에 존재하는 수많은 생물자원을 이용할 수 있으므로 그 가능성이 무궁무진하다 하겠다 (그림 1-5).

1980년대부터 생명공학 기술이 발전하기 시작하여 1990년대 다양한 바이오 제품들이 생산되기 시작하였으며 2000년대부터 바이오 산업이 본 궤도에 올랐다. 바이오 산업은 생명공학 산업이라고도 불리며 생명공학 기술을 바탕으로 생물자원을 활용해서 다양한 생명공학 제품과 부가가치를 생산하는 산업을 의미한다. 생명공학 기술은 유전자 재조합 기술을 기준으로 하여 전통적 생명공학 기술과 현대 생명공학 기술로 나눌 수 있다. 전통적 생명공학 기술이라고 해서 진부한 옛날 기술이라는 의미는

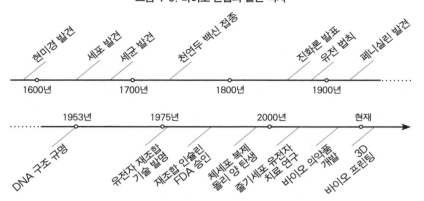

그림 1-6. 바이오 산업의 발전 역사

아니고 전통적인 기술에 유전자 재조합 기술과 같은 현대 기술을 접목한 것으로, 지금은 모든 생명공학 분야에서 급속도로 기술 개발이 이루어져 바이오 산업이 활성화되고 있다.

2001년 2월 12일, 미국, 일본, 독일, 영국 등 10여 국가와 민간 기업 셀레라지노믹스가 참여한 인간 게놈 프로젝트(HGP: Human Genome Project)를 수행하여 30억 개의 염기쌍으로 구성된 인간 게놈을 99% 이상 밝혀냈다고 발표하였다. 인간 게놈 지도를 완성함으로써 과학자들은 유전자 기능을 이해하고 활용하는 다양한 바이오 산업의 발전을 기대하고 있다. 여기에서 게놈(Genome)은 유전자(Gene)와 염색체(Chromosome)의 합성어로 유전체라고 하며, 한 개체의 유전자의 모든 염기 서열을 의미하며 모든 유전정보가 여기에 담겨 있다.

인류의 미래에 큰 영향을 미칠 것으로 판단되는 이 프로젝트의 성공에 힘입어 유전체의 기능을 연구하고 이를 바탕으로 한 실질적인 포스트 게놈 시대가 다가오고 있다. 현재 유전자 치료 기술과 체세포 핵 이식 기술 및 줄기세포 기술을 이용하여 인간의 질병을 치료하기 위한 연구에도 많은 연구자들이 집중하고 있다. 따라서 바이오 산업은 지난 십 수년간 IT 산업의 발전이 가져다주었던 성과 이상으로 에너지, 환경, 의학, 제약,

18

농축산학, 전자 산업 등에 엄청난 파급 효과를 가져다줄 것으로 예상된다. 〈그림 1-6〉은 과거로부터 현재까지 발전해 온 바이오 산업의 역사를 보여 주고 있다.

결국 우리나라 산업이 발전하기 위해서는 과학과 공학을 전공하는 인재들을 다양한 분야에서 지속적으로 배양하고, 이 인력을 바탕으로 창의적인 기술을 창출하여 고부가가치 산업을 키워 나가야 한다. 특히 바이오 산업은 다른 분야의 산업들과 쉽게 융합시킬 수 있으므로 집중적인 투자가 필요한 분야이다. 그리고 다양한 생물자원을 이용하여 바이오 산업 분야에 좋은 성과를 이루기 위해 위에서 언급했던 사실들을 차근차근 정리해 보고 우리가 미래에 무엇을 창조할 수 있는지 생각해 보자. 다음 장에서는 다양한 생물자원의 기본적 개념을 알아보기로 한다.

제2장

다양한 생물자원의
기본적 개념과 응용 분야

생물자원은 무궁무진한 다양성을 갖고 있어서 많은 분야의 바이오 산업에 응용될 수 있다. 생물자원이란 살아 있는 생물체, 생물체의 구성 성분(유전자 등), 그리고 생물체에서 생산되는 기능성 물질들 및 정보를 모두 포함하며, 다양한 분야에 응용 가능한 생물체와 기능성 물질들이 수없이 많으며 그 잠재성이 매우 크다. 생물자원은 영어로 "BIORESOURCES"라고 표현할 수 있으며 다음과 같은 많은 의미를 갖고 있다.

1) B: Biological Resources(생체 자원)
   생물자원은 기본적으로 살아 있는 생물체 또는 생물체의 구성 성분, 생물체가 분비하는 물질 및 정보를 말한다.

2) I: Industrial Applications(산업적 응용)
   생물자원을 이용하여 원하는 고부가가치 물질의 산업적인 대량 생산이 가능하다면 인류에게 많은 혜택을 줄 수 있다.

3) O: Organisms(생물체)
   한 국가에 존재하는 다양한 생물체를 확인 및 발굴하는 것과 다른 국가들에 존재하는 다양한 생물체들에 대한 정보를 갖고 있는 것이 중요하다.

4) R: Reuse(재사용)
   생물체를 이용하는 생물자원은 언제든지 재사용할 수 있다는 이

점이 있다.

5) E: Energy(에너지)

많은 생물체들은 계속적으로 에너지를 생산하고 있으며 일부 생물체들은 그들 자체가 에너지로 사용되기도 한다.

6) S: Save(축적)

생물자원들 자체와 기능에 대한 정보 등이 축적되어야 하며 이는 한 국가의 중요한 자산이 된다.

7) O: Originality(독창성)

이용 목적에 따라 독창성이 있는 물질 또는 기능을 모든 생물자원에서 찾아낼 수 있다.

8) U: Usefulness(유용성)

현재 개발된 물질이나 생물자원 기능을 모방한 기계 등을 볼 때 미래에 대한 그 유용성을 강조해도 지나치지 않다.

9) R: Reconsideration(재고)

현재 생물자원을 이용한 물질과 기계가 상당수 개발되었다 하더라도 같은 생물자원을 이용하여 더 우수하고 훌륭한 물질과 기계들을 개발할 가능성은 무한하다. 따라서 이러한 면에 대해 항상 다시 한 번 생각해 보는 것이 중요하다.

10) C: Conservation(보존)

생물자원을 보존하는 것이 너무나도 중요하다는 것은 두말할 나위가 없다. 현재 자연이 훼손되고 환경이 오염되어 가면서 이미 너무나도 많은 생물자원이 사라졌다. 이는 국가 자원의 손실이며 보물들을 잃어버린 것이나 다름없다.

11) E: Evolution(진화)

모든 생물체들은 지금까지 천천히 지구 환경에 적응하여 진화되어 왔으나 현재의 기술로는 생물체들의 유전자를 인위적으로 변형시켜 짧은 시간 안에 목적에 맞게 진화시킬 수 있다.

그림 2-1. 생물자원의 종류

미생물 자원
세균, 진균, 바이러스, 미세 조류, 버섯, 동충하초 등

인체 유래 자원	생물자원의 종류	정보
인체 조직, 세포, 세포주, 인체 유래 물질 등		미생물 자원, 식물 자원, 동물 자원, 인체 유래 자원 정보 등

식물 자원	동물 자원
종자, 식물, 식물 조직, 식물세포주, 유전자 변형 식물체 등	동물, 곤충, 실험 동물, 동물 조직, 암세포 및 줄기세포, 동물세포주, 유전자 변형 동물

12) S: Sustainability(지속성)

생물자원의 가장 중요한 개념들 중의 하나로 지속적으로 유전정
보 및 그 자체의 산업적 응용이 가능하다. 지속성이 있다는 것은
인류의 미래를 위한 친환경적인 자원으로서 에너지, 환경 및 보
건의료 분야 등에 매우 중요함에 틀림없다.

이와 같이 생물자원이란 단어와 연계된 의미가 많다. 현재 가장 중요
한 생물자원들로서 미생물, 식물, 동물과 그 유전자, 그리고 이러한 생물
체들로부터 생산되는 효소 및 기능성 물질과 정보들이 있다. 최근에 또
하나의 중요한 생물자원으로 자리 잡은 것이 인체 유래 생물자원이다.

미생물로는 세균, 고세균, 진균류, 바이러스, 미세 조류, 버섯, 동충하
초 등이 중요한 생물자원이고, 식물에는 종자, 식물 자체, 식물의 조직,
식물세포주, 유전자 변형 식물체가 있다. 동물에는 동물 자체와 곤충,
쥐, 영장류 등 실험 동물, 동물의 조직, 암세포 및 줄기세포, 하이브리도
마(hybridoma) 등의 세포주, 수정란, 유전자 변형 동물 등이 있다. 그리고
인체 유래 생물자원으로는 생명 윤리에 위배되지 않는 사람의 조직, 세

포, 세포주 및 인체 유래 물질과 정보 등이 포함된다(그림 2-1).

이러한 생물자원을 효율적으로 이용할 수 있다면 한 국가의 부를 축적할 수 있는 좋은 고부가가치 제품들을 생산할 수 있다. 1999년 국제 학술지 《산업 미생물학과 생명공학》(*Journal of Industrial Microbiology & Biotechnology*)에 "laws of applied microbiology"라는 제목으로 미국의 미생물학자 데이비드 펄먼(David Perlman, 1920–1980)이 생각하고 있는 미생물에 대한 몇 가지 흥미로운 사실이 실린 적이 있다.

- 미생물은 항상 옳다 / 여러분의 친구이다 / 예민한 동지이다.
  The microorganism is always right / your friends / a sensitive partner.
- 세상에 어리석은 미생물은 존재하지 않는다.
  There are no stupid microorganisms.
- 미생물은 무엇이든 할 수 있다 / 할 것이다.
  Microorganisms can/will do anything.
- 미생물은 화학자나 공학자보다 더 똑똑하고 더 지혜로우며 더 활동적이다.
  Microorganisms are smarter/wiser/more energetic than chemists, engineers, etc.
- 만약 여러분들이 미생물 친구를 소중하게 다룬다면 그건 여러분의 미래를 소중히 하는 것과 마찬가지이다. (그리고 여러분은 그 이후에도 내내 행복하게 살아갈 것이다.)
  If you take care of your microbial friends, they will take care of your future (and you will live happily even after).

그는 사실상 인류가 미생물을 잘 활용한다면 미래가 밝아질 수 있다는 주장을 하고 있다. 실제로 현재까지 지구상에 존재하는 미생물들의 10%도 활용을 하지 못하고 있다고 알려져 있다. 육지 및 해양의 미생물뿐만 아니라 동식물 세포를 잘 활용할 수 있도록 지속적인 연구가 필요하다.

이들의 중요한 응용 분야로서 농업, 의학, 환경, 에너지, 식품 등이 있다. 현재 각각의 분야에서 생물자원의 응용이 활발하게 이루어지고 있다. 이들에 대한 실제의 예를 들어 보기로 하자.

농업 분야에서 많은 농작물이 생산되고 있지만 농작물에 피해를 입히는 해충 때문에 농약을 많이 사용하고 있는 실정이고, 이 때문에 환경오염으로 인한 생태계의 파괴도 가속화되고 있다. 그뿐만 아니라 작물 경작 지역에 잡초가 많이 자라서 제대로 경작이 안 되는 경우 제초제를 사용하는데 농작물이 이 제초제에 약한 단점이 있다. 또한 대기오염으로 기후가 변화하면서 기존 농작물의 생산성이 감소하거나 심지어는 농작물 생산이 불가능한 경우도 있다. 현재 이러한 문제점들을 해결하기 위해 여러 방법들을 시도하고 있다. 어떤 생물의 특정 유전자를 작물의 유전자에 도입하는 유전자 재조합을 이용하여 병충해 및 제초제에 강한 농작물, 낮은 온도에서도 잘 자라는 농작물 등을 생산하는 방법이 있다.

유전자 재조합 기술은 원하는 특정 유전자를 숙주세포에 선택적으로 도입할 수 있으므로 단기간에 품종을 다양하게 개량할 수 있으며, 농약 사용량을 감소시키고 생산성을 증가시킨다는 또 다른 장점이 있다. 이 기술을 이용해 재배한 작물을 유전자 변형 작물(GMO: Genetically Modified Organisms)이라고 부른다. 유전자 변형 작물로부터 생산된 유전자 변형 식품(GM Foods)의 안정성에 대해 많은 논쟁이 있으나 미국 식품의약국(FDA)에서 안정성 검토 후 이미 1994년도부터 옥수수, 콩, 밀 등의 작물에 대해 승인하여 현재 다양한 유전자 변형 식품이 생산되고 있다. 여기에서 GMO는 주로 유전자 변형 식물체를 의미한다. 참고로 LMO(Living Modified Organisms)는 유전자 변형 생물체를 총칭하며 미생물을 포함한 넓은 의미로 쓰인다.

여전히 전통적으로, 원하는 특성을 가진 비슷한 종과 교배를 시켜 품종을 개량하는 육종 방법이 많이 연구되고 있지만 여기에는 많은 시행착오가 동반되며 시간이 오래 걸린다는 단점이 있었다. 하지만 1980년 이후 육종 방법에 DNA 마커를 이용한 선별 방법을 도입함으로써 육종 기간이 단축되었으며 비용도 절감되어 품종 개량이 수월해졌다. 또한 1990

년 중반 이후 유전자 변형 작물이 상업화되면서 유전자 변형 작물의 육종에도 관심을 갖게 되었으며, 더구나 생명공학 기술이 점차 진보함에 따라 유전체나 대사체를 이용한 육종 방법도 개발되었다.

그림 2-2. 곰팡이에 감염된 메뚜기

또 한 가지 예로서 해충들의 천적을 이용하는 방법이 있는데 농작물에 피해를 입히는 해충을 공격하여 죽이거나 번식 능력을 떨어뜨려 해충의 수를 감소시키는 생물들을 이용한다. 생물 농약의 개념으로 해충에는 병을 일으키면서 인간에게는 무해한 바이러스, 선충, 미생물, 그리고 미생물이 생산하는 독소를 이용하는 방법이 있다. 이러한 병원성 생체들이 해충에 병을 일으키거나 그 독소로써 해충을 죽인다. 생물 농약은 환경오염을 유발하지 않는다. 특정한 일부 해충에 작용하는 생물 농약이 상품화되어 있고 지금도 다양한 해충을 방제할 수 있는 생물 농약에 대한 연구가 많이 이루어지고 있다(그림 2-2). 이와 같이 유전자 조작 작물에 이용된 특정한 유전자, 천적, 해충을 죽이는 바이러스, 미생물, 독소 등은 중요한 생물자원임을 알 수 있다. 특히 어떤 생물자원은 우리나라에만 존재하므로 국가적인 차원에서 보호하는 것이 마땅하다. 최근에는 일반 농약의 양을 줄이기 위해 일반 농약과 생물 농약을 일정 비율로 혼합하여 사용하기도 한다. 이러한 경우에는 생물 농약에 쓰이는 생물체 및 물질들이 일반 농약에 의해 무력화되는 것을 방지하기 위해 농약 내성 유전자를 생물체에 도입하거나 물질이 내성을 유지할 수 있도록 해야한다.

의약품 분야의 한 가지 예를 들면 페니실린이 발견된 이후 현재까지 수많은 항생물질이 발견되었고, 이러한 항생물질로부터 새로운 항생물질들이 화학적·생물학적인 방법으로부터 합성되었다. 기본적으로 항생물질은 매우 적은 양으로 인체에 질병을 일으키는 병원균의 성장을 억제 또는 사멸시킬 수 있다. 흥미 있는 사실은 한 생물체가 생산한 물질로 다른 생물체를 제어할 수 있다는 점이다. 이러한 개념은 영국의 세균학자인 알렉산더 플레밍(Alexander Fleming, 1881-1955)이 1928년 페니실린을 발견하면서 체계화되기 시작하였다. 플레밍은 주로 포도상구균(Staphylococcus)의 특성을 연구하면서 우연히 발견한 세계 최초의 항생물질을 페니실린이라 명명하였다. 플레밍은 가족과 2주 동안의 여름휴가를 떠나기 전에 포도상구균들이 배양된 배양접시들을 실험실 벤치에 놓아두었고, 휴가를 마치고 실험실로 돌아왔을 때 배양접시가 노란색과 녹색을 띠고 있는 곰팡이(*Penicillium notatum*)에 의해 오염된 것을 발견하였다. 한 층 아래에 있는 곰팡이를 다루는 실험실로부터 곰팡이 포자가 날아와 오염되었던 것이다. 이 배양접시에 오염된 곰팡이가 성장한 부분의 주위는 포도상구균이 성장하지 못하고, 조금 떨어진 나머지 부분은 포도상구균으로 덮여 있었다. 그리고 곰팡이 주위에 명확한 환 모양을 보여 주었다. 이러한 상황으로부터 플레밍은 곰팡이로부터 생산된 물질이 세균의 성장을 저해한다고 추론하였다. 이러한 발견은 정말 운이 좋았기에 가능했고, 결과적으로 미래를 바꾸어 놓는 사건이 되었다. 왜냐하면 플레밍이 포도상구균이 성장한 배양접시를 아무렇게나 벤치에 두었다는 사실, 바로 아래층이 곰팡이를 다루는 실험실이었다는 사실, 계절이 곰팡이가 잘 성장할 수 있는 기온과 습도를 유지할 수 있는 여름이었다는 사실, 실험실의 창문들이 열려 있었다는 사실, 바람이 어느 정도 불었다는 사실 등이 없었다면 그 발견은 불가능했을지도 모르기 때문이다. 어쨌든 플레밍은 이 곰팡이를 순수 분리하고 배양하여 페니실린이 포함된 곰팡이 즙을 갖고 병든 쥐에 실험한 결과를 1929년 《영국실험병리학지》(*British Journal of Experimental Pathology*)에 발표하였다. 이후에 영국의 많은 화학자들이 페니실린의 분리 정제를 시도하였으나 실패하였다. 그러다 1939년에

그림 2-3. 페니실린을 발견한, 스코틀란드 지폐의 플레밍

옥스포드대학교의 호주 국적의 약리학자이자 병리학자인 하워드 플로리 (Howard Florey, 1898–1968)와 영국의 생화학자 언스트 체인(Ernst Chain, 1906–1979)이 이 곰팡이를 표면 배양하고 분리 정제하여 페니실린의 효능을 확인하였다. 참고로 플로리는 호주에서 가장 존경받는 과학자 중의 한 명이다. 페니실린이 쥐와 사람의 질병에 효과가 있다는 사실을 증명하였고 결국 제2차 세계대전 동안 미국의 농림부와 여러 제약회사의 도움을 받아 페니실린을 미국에서 새로 분리한 균주인 페니실리움 크리소게눔(*Penicillium chrysogenum*)에 의해 대량생산해 많은 환자들을 구할 수 있었다. 이러한 공로로 1945년 플레밍, 플로리, 체인이 노벨 생리의학상을 공동 수상하였다. 페니실린을 대량생산하는 과정에서 개발된 균주 선별, 균주의 대량생산과 목표 물질의 분리 정제 기술 등이 많은 항생물질, 항암물질, 항바이러스 물질뿐만 아니라 다른 기능성 물질들의 개발에도 큰 공헌을 했다. 이 페니실린 관련 연구는 과학사에 있어서 유명한 신화로 알려져 있다. 플레밍이 언급하였듯이 상당히 많은 과학적 성과는 우연히 이루어지기도 한다. 이렇게 운 좋게 우연히 발견한 것을 "뜻밖의 행운"(serendipity)이라고 표현한다. 〈그림 2–3〉은 스코틀랜드 지폐에 실린 플레밍의 사진이다.

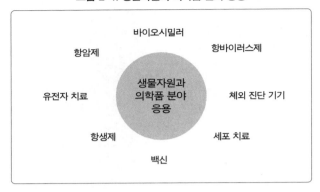

그림 2-4. 생물자원의 의약품 분야 응용

　현재 인체에 관련한 질병은 수없이 많고 이러한 질병을 일으키는 바이러스, 미생물 등도 다양하다. 질병을 치료하기 위해 다양한 항생물질, 항암물질, 항바이러스 물질 등이 개발되고 있으며, 이러한 물질들은 결국 지구상에 존재하는 생물자원들로부터 기원한다. 특히 인체 대사 기작이 점차로 밝혀짐에 따라 적절한 단백질 의약품도 다양하게 개발되고 있다. 단백질 의약품은 생물체의 유전자 조작을 통해 개발된 재조합 균주를 이용하여 생산된다. 1982년 미국 식품의약국에서 인슐린의 판매를 허가한 이래 다양한 단백질 의약품이 개발되어 판매되고 있고 지속적으로 생물자원들을 이용한 많은 신약들이 개발될 것으로 기대된다(그림 2-4).

　지구의 환경을 지키고 건강한 생태계를 유지하기 위해 환경 문제를 심각하게 고려해야 한다. 이미 우리 인류는 환경오염으로 인해 사회적으로나 경제적으로 엄청난 손실을 입었고, 바로 이 순간에도 환경오염이 지구의 모든 지역에서 진행되고 있다. 미래에는 어떠한 상황에 처하게 될지 아무도 명확하게 예측할 수 없다. 에너지(Energy), 환경(Environment), 경제(Economy)의 3E가 직간접적으로 서로 영향을 미치고 있다. 현재 전 세계의 인구는 약 74억 명이다. 간단히 추산해 보도록 하자. 만약 인구가 2배가 된다면 세계 경제 규모도 약 2배가 될 것이며 에너지 소모량도 2배가

되면서 지구 온난화 및 환경오염을 가속화할 수 있다. 현재 제일 많이 언급되는 주제로는 기후 변화, 방사능 물질, 환경호르몬, 해양 쓰레기, 기름 유출, 미세먼지 등에 의한 영향 등이다. 지구 온도가 상승하면서 천재지변이 잦아지고 생태계 파괴가 심각해졌다. 지역에 따라 물 부족 상태가 심각해지고 식량 자원의 부족에 따른 기근뿐만 아니라 인류의 건강에도 심각한 영향을 미치고 있다. 또한 2011년 지진으로 인한 쓰나미에 의해 일본 후쿠시마 원전의 방사능 오염수 방출은 많은 문제를 야기하고 있다. 우리는 우크라이나 체르노빌에서 있었던 방사능 누출 사고에 따른 방사능 물질의 오염이 생태계 및 환경에 어떠한 영향을 미쳤는지 너무나 생생하게 기억하고 있다. 이러한 사고들로부터 원자력이 100% 안전하지 않다는 사실을 다시 한 번 인식하게 된다.

2010년 서울시립미술관 남서울 분관에서 〈"오래된 미래"전〉이 열려 아시아 작가 15명의 작품이 전시되었다. 전시 주제는 자연과 문명에 대해 곰곰히 생각해 보도록 구성되었다고 한다. 《조선일보》 2010년 12월 16일자 미술면에서 "지난 세기 동안 인간은 먹고 마시고 쓰고 버리는 데 신이 난 나머지, 자신이 뿌리내리고 사는 지구를 돌이킬 수 없이 훼손해 버린 것은 아닐까?" 하는 질문을 읽고서 씁쓸해졌다.

환경오염은 대기, 수질, 토양에서 총체적으로 나타나고 있다. 이러한 오염을 처리 또는 복구하기 위해 기존에는 주로 물리적·화학적 처리를 이용하였으나 현재는 생물학적 처리가 중요시 되고 있다. 예를 들어 화약 공장 주변 토양은 TNT 등에 의해 오염될 것이다. 이 오염 물질이 분해되어 토양이 정상적으로 복구되려면 상당한 시간이 걸린다는 것은 두말할 필요가 없다. 따라서 효율적인 방법을 찾기 위해 아직도 많은 연구가 시행되고 있다. 가장 효율적인 방법들 중의 하나는 화약에 오염된 토양을 조사해 화약 성분을 영양분으로 이용하여 살고 있는 미생물을 발견하는 것이다. 이것은 그 미생물이 화약 성분을 분해하여 영양분으로 이용함으로써 생존하고 있다는 것을 의미한다. 그래서 이러한 미생물은 역시 하나

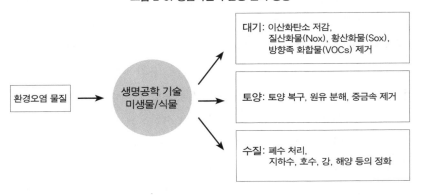

그림 2-5. 생물자원의 환경 분야 응용

대기: 이산화탄소 저감, 질산화물(Nox), 황산화물(Sox), 방향족 화합물(VOCs) 제거

토양: 토양 복구, 원유 분해, 중금속 제거

수질: 폐수 처리, 지하수, 호수, 강, 해양 등의 정화

환경오염 물질 → 생명공학 기술 미생물/식물

의 중요한 생물자원으로서 평가되며 이 미생물을 분리하여 화약으로 오염된 토양을 복구할 수 있는 것이다. 또한 대기 중에 강한 독성을 가진 발암물질인 다이옥신의 경우 미생물이 다이옥신을 분해할 수 있다는 사실이 밝혀졌고, 바다나 강에 선박으로부터 유출된 원유 및 연료 등을 분해할 수 있는 미생물 제제를 만들어 활용하고 있다. 수질을 오염시키는 물질들로는 중금속, 질소와 인 같은 염, 다양한 유기물, 원유 등이 있고 최근에는 녹조 및 적조에 의한 오염이 증가하고 있다. 중금속 오염의 예를 하나 들면, 1950년대 일본의 한 어촌에서 공장 폐수에 있던 수은에 중독되어 많은 사람들이 사망하고 기형아가 태어났다. 바로 미나마타병이다. 이 외에도 산업 폐기물에 포함되어 있던 카드뮴으로 수질이 오염되어 사람의 뼈를 손상하는 이타이이타이병을 일으킬 수도 있다. 2008년에는 낙동강에서 페놀이 검출되어 생활용수의 취수가 한때 중단된 적도 있었다. 이러한 환경오염 물질들을 다양한 미생물들에 의해 처리할 수 있다. 환경 문제를 해결하기 위해 생명공학 기술이 발전하고 있고 이 분야를 환경생명공학이라 부른다(그림 2-5).

에너지의 경우도 마찬가지이다. 현재 우리나라에서 사용되고 있는 총에너지의 97%를 수입하고 있는 것이 현실이다. 1973년 제1차 오일 쇼크

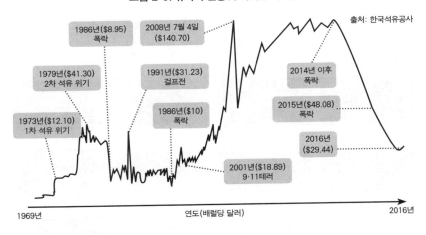

그림 2-6. 유가의 변동(두바이유 가격)

출처: 한국석유공사

1986년($8.95)
폭락

2008년 7월 4일
($140.70)

1979년($41.30)
2차 석유 위기

1991년($31.23)
걸프전

2014년 이후
폭락

1986년($10)
폭락

2015년($48.08)
폭락

1973년($12.10)
1차 석유 위기

2016년
($29.44)

2001년($18.89)
9·11테러

1969년   연도(배럴당 달러)   2016년

에서 보았듯이 중동 산유국의 원유 금수 조치 때문에 원유값이 배럴당 2달러에서 10달러로 폭등했고, 1980년도에는 제2차 오일 쇼크로 배럴당 42.25달러로 폭등하였다. 그 후 2007년도 이후에는 배럴당 100달러 이상으로 급등하여 계속 변동을 하다 2014년 6월 두바이유 기준으로 배럴당 약 110달러 수준에서 12월에는 약 50달러 수준으로, 2016년 초에는 약 30달러 수준으로 하락하였다. 이러한 추세는 에너지를 둘러싼 산유국 간의 정치적·경제적 역학 관계 때문인 것으로 알려져 있다. 그뿐만 아니라 미국이 개발하여 판매하고 있는 셰일가스도 관련되어 있다. 비산유국인 우리나라의 입장에서는 유가가 안정되는 것이 가장 바람직하지만, 국제 정치 및 경제 상황에 따라 고유가 또는 저유가로 오르락내리락하면서 석유화학 산업 등 전반적인 산업이 커다란 위기를 맞고 있다(그림 2-6).

우리는 이러한 유가 변동을 보면서 에너지가 사회경제 전반에 미치는 영향이 매우 크다는 것을 경험했다. 따라서 수입 에너지 의존도를 줄이기 위해 태양열, 태양광, 풍력, 지열, 조력, 바이오 에너지 등의 신재생 에너지 개발에 많은 노력을 기울이고 있다. 이들 중 바이오 에너지는 생물자원으로부터 만들 수 있는 에너지이다. 바이오 에너지를 생산하기 위한 중

그림 2-7. 바이오매스의 종류

1세대 바이오매스	2세대 바이오매스	3세대 바이오매스	4세대 바이오매스
다양한 곡물로서 식품 가격이 높아 에너지로 사용할 수 없음	섬유소계 바이오매스로 나무와 농업 폐기물	해양에 많이 분포하는 미세 조류와 거대 조류	다양한 유기성 폐기물
감자	단풍나무	녹조류	라면 부스러기
고구마	강아지풀	홍조류	한약 찌꺼기
옥수수	보릿짚		커피 찌꺼기

요한 생물자원을 바이오매스(Biomass)라 부른다. 바이오매스는 일반적으로 동물, 식물, 미생물로부터 유래한 유기물들을 뜻하며, 특히 농업 폐기물, 임산 폐기물, 도시 및 산업 폐기물 등을 포함하는데 잠재적인 양이 상당히 많다. 또한 세계의 많은 연구 기관들에서 에너지 작물을 개발하기 위해 연구에 집중하고 있다. 바이오매스를 세대별로 분류하자면 다음과 같다. 제1세대 바이오매스는 다양한 곡물로서 현재는 식품으로서의 가격이 높아 에너지로는 사용할 수 없다. 제2세대 바이오매스는 섬유소계 바이오매스로 나무와 농업 폐기물 등을 말한다. 제3세대 바이오매스는 해양에 많이 분포하고 있는 미세 조류와 거대 조류 등을 말하며, 제4세대 바이오매스는 다양한 유기성 폐기물을 의미한다. 이러한 바이오매스들을 원료로 하여 생명공학 기술에 의해 바이오 에너지로 전환시킬 수 있는 것이다(그림 2-7).

현재 이용되고 있는 바이오 에너지의 종류로는 바이오 에탄올, 바이오 디젤, 바이오 가스, 바이오 수소 등이 있다(그림 2-8). 목재, 짚, 낙엽, 과일 껍질 등의 섬유소 물질들을 전처리 한 후 셀룰라아제(cellulase)라는 효소로 분해하여 6탄당인 포도당을 만들고, 이 포도당을 효모에 의해 발효시켜 에탄올로 전환시킨 후 농축하여 수송용 연료로 사용할 수 있다(바이오 에탄올). 우리나라에 분포하는 섬유

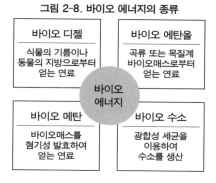

그림 2-8. 바이오 에너지의 종류

바이오 디젤	바이오 에탄올
식물의 기름이나 동물의 지방으로부터 얻는 연료	곡류 또는 목질계 바이오매스로부터 얻는 연료

바이오 에너지

바이오 메탄	바이오 수소
바이오매스를 혐기성 발효하여 얻는 연료	광합성 세균을 이용하여 수소를 생산

소 물질의 양을 고려하여 계절에 따라 적절하게 이용할 수 있어야 한다.

산업체 또는 업소에서 나오는 유류 또는 폐유를 화학촉매로 처리하는 화학적 방법과 리파아제(lipase)라는 기름 분해효소로 반응시키는 효소적 방법을 통해 디젤과 비슷한 특성을 갖는 연료 물질을 만들 수 있다(바이오 디젤). 세계적으로 많이 사용하고 있는 유류는 주로 식물성 기름으로 팜유, 콩기름, 유채유, 다양한 폐유 등이고 동물성 기름도 이용하고 있다. 바이오 디젤을 생산할 때 부산물로 글리세롤이 다량 생산되는데 이 물질도 화장품 등 다양한 분야의 원료로 쓰인다.

산업 폐기물, 농업 폐기물, 축산 폐기물, 그리고 도시 폐기물과 같은 유기성 폐기물을 이용하여 다양한 미생물로 혐기성 발효를 시키면 유기산들이 생성되고, 이 유기산들이 메탄가스로 전환되는데 이것이 바이오 가스이다. 바이오 가스는 천연가스처럼 가정에서 에너지로 쓸 수 있다.

바이오 수소는 화학적 방법과 생물학적 방법으로 생산할 수 있는데 생명공학 기술이 발전함에 따라 수소를 생산할 수 있는 광합성 세균을 포함한 다양한 미생물들을 이용하여 많은 연구가 진행되고 있다. 수소는 산소와 반응하여 물을 만들고, 물은 다시 수소와 산소로 분해되어 다양한 에너지의 용도로 쓸 수 있기 때문에 미래 에너지로서 각광받고 있다.

이러한 바이오 에너지의 원료나 최종 생산물 모두가 생물자원으로서, 지금도 산업화를 위해 연구기관과 기업체에서 많은 노력을 하고 있다. 원

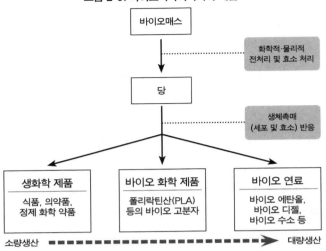

그림 2-9. 바이오리파이너리의 개념

```
                    바이오매스
                        │
                        ▼ ┈┈┈┈┈┈┈┈  화학적·물리적
                        │             전처리 및 효소 처리
                        │
                        당
                        │
                        │ ┈┈┈┈┈┈┈┈  생체촉매
                    ┌───┼───┐         (세포 및 효소) 반응
                    ▼   ▼   ▼
```

생화학 제품	바이오 화학 제품	바이오 연료
식품, 의약품, 정제 화학 약품	폴리락틴산(PLA) 등의 바이오 고분자	바이오 에탄올, 바이오 디젤, 바이오 수소 등

소량생산 ■ ■ ■ ■ ■ ■ ■ ■ ■ ■ ■ ▶ 대량생산

료가 여의치 않은 경우에는 부존 자원이 풍부한 나라의 자원을 이용하여 그 나라에 직접 우리의 기술로 바이오 에너지 생산 시설을 확립하여 운영하는 것도 하나의 방법일 수 있다.

최근에는 바이오리파이너리(Biorefinery) 개념으로 바이오매스로부터 당을 얻어 바이오 연료나 화학 제품 중간체 및 최종 제품을 만들거나, 바이오매스를 직접 열화학적 처리하여 합성가스를 만들어 에너지로 이용하거나, 바이오 연료와 화학 제품 중간체 및 최종 제품을 만드는 공정을 개발하고 있다(그림 2-9).

식품은 일반적으로 의약품으로 이용되는 것을 제외한 모든 음식물을 의미하는데 생산 방식, 원료, 성분 및 용도 등에 따라 분류된다. 이러한 많은 식품들 중에 생명공학 분야에서 주로 관심을 갖는 식품은 전통 식품, 기능성 식품 그리고 유전자 조작 작물 등이다(그림 2-10). 우리가 슈퍼마켓 등 주위에서 쉽게 볼 수 있는 전통 식품으로는 김치, 간장, 된장, 고추장, 청국장 등이 있다. 김치는 이제 한국인만의 김치가 아니라 국제식품규격위원회(CODEX)가 2001년 김치의 국제 규격을 채택함으로써 세

그림 2-10. 식품의 종류

일반 식품	건강 기능 식품	기능성 식품
기능성 식품 및 건강 기능 식품을 포함한 모든 식품	인체에 유용한 기능성을 갖고 있으며, 생리 기능을 활성화하여 건강을 유지하거나 개선하는 성분을 포함하는 식품	건강 기능 식품보다 더 넓은 의미를 가지며, 일반적으로 생체 조절 기능을 갖는 식품

계적인 건강 식품 중의 하나가 되었다. 2010년에는 광주에 한국식품연구원 부설 세계김치연구소(www.wikim.re.kr)가 설립되었다. 우리 나라 김치는 종류가 200가지가 넘는데 김치가 제대로 발효되기 위해서는 수백 종의 세균이 관여한다. 김치는 채소가 소금이나 식초를 포함한 물에 잠겨 있기 때문에 침채류에 속한다. 이는 중국으로부터 전해진 것으로 알려져 있으며 침채에서 딤채로 그리고 딤채에서 김채로 바뀐 후 현재의 김치로 바뀌었다고 한다. 초기의 김치는 채소를 구하기 힘든 겨울을 나기 위해 소금이나 식초에 절인 정도의 단순한 형태의 김치였을 것이다. 시간이 지나면서 다양한 채소와 양념, 젓갈 등으로 발효시키는 김치로 발전하였으며 여러 김치 재료가 우리나라에 도입된 시기를 고려해 볼 때 현재와 같은 배추김치는 1700년대에 나타난 것으로 보인다. 지금은 가정에서 플라스틱 통에 김치를 넣어 발효시키지만 전에는 비교적 온도 변화가 적은 땅속(5–10℃)에 김칫독을 묻어 발효시켰고 김치가 얼지 않도록 그 위에 짚단을 올려놓았다. 이 김칫독이 바로 발효를 위한 생물반응기의 역할을 하였다. 김치는 발효 식품이므로 숙성 과정에서 다양한 젖산균이 성장하여 다른 유해한 균의 성장을 억제하는 항균 작용을 하는 것으로 알려져 있다. 이는 인체 속에 들어가서도 동일한 작용을 하여 장 속의 환경을 좋게 하는 것이다. 최근에는 연구를 통해서 김치의 재료들에 들어 있는 생리 활성 물질들과 발효 중에 생산되는 기능성 물질들이 항암 및 항바이러스 효과를 나타낸다는 논문들도 다수 발표되고 있다(그림 2–11).

기능성 식품의 예로서 신감미료가 있는데 인체에서 분해하지 못하여 칼로리로 전환되지 않으므로 비만을 예방하고 인체의 장 속에 도달하였

그림 2-11. 김치의 발효와 기능

배추
동맥경화 치료 효과,
콜레스테롤 저하 효과

소금
삼투 작용, 채소 내 수분
제거 및 미생물 활동 억제

젓갈
단백질, 아미노산 풍부

파
비타민 A, C 다량 함유

무
소화 촉진

마늘
강장.살균 효과, 피로회복,
동맥경화, 암 예방

고추
비타민 A, C, E, 아미노산
풍부, 젖산균 발육 촉진

젖산균

발효, 숙성
스트레스 완화,
성인병 및
노화 예방,
비타민 함량 증폭,
피부 개선,
항암 효과

을 때 이를 이용할 수 있는 비피더스균이 성장하여 장내 환경을 좋게 하고 정장 작용을 한다. 이러한 신감미료에는 가정에서 요리할 때 설탕 대신에 많이 쓰이고 있으며, 주류에도 감미를 위해 올리고당, 아스파탐, 스테비오사이드 등을 사용한다. 그 외에도 껌, 캔디, 아이스크림, 청량음료, 빵, 과자, 유제품 등에서도 매우 다양하게 쓰인다. 강력한 항산화력을 갖고 있는 아스타잔틴(Astaxanthin), 코엔자임 큐10(Coenzyme Q10), 베타카로틴(Beta-carotene), 라이코펜(Lycopene) 등도 알려진 기능성 물질들이다. 기능성 식품의 기능은 〈그림 2-12〉에서 보여 준다.

또 한 가지 중요한 식품 중의 하나로 유전자 변형 식품이 있는데, 앞에서 언급하였으므로 여기서는 생략한다.

이해를 돕기 위해 간단하게 여러 분야에서 이용되고 있는 생물자원에 대해 알아보았다. 이 외에도 생물자원을 이용할 수 있는 분야가 수없이 많지만, 다양한 생물자원들을 어떻게 이용할 것인지를 곰곰히 생각해 보고 사회적·문화적·정치적·경제적인 면에서도 고찰해 볼 필요가 있다.

제12차 생물 다양성 협약 당사국 총회가 "지속 가능한 발전을 위한 생

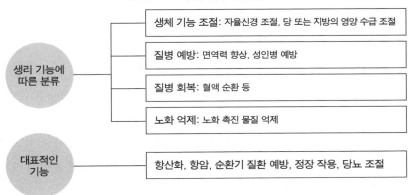

그림 2-12. 기능성 식품의 종류와 기능

생리 기능에 따른 분류
- 생체 기능 조절: 자율신경 조절, 당 또는 지방의 영양 수급 조절
- 질병 예방: 면역력 향상, 성인병 예방
- 질병 회복: 혈액 순환 등
- 노화 억제: 노화 촉진 물질 억제

대표적인 기능
- 항산화, 항암, 순환기 질환 예방, 정장 작용, 당뇨 조절

물 다양성"이란 슬로건 아래 우리나라 강원도 평창에서 2014년 10월 6일부터 약 2주간 열렸다. 생물 다양성 협약(CBD: Convention on Biological Diversity)은 1992년 브라질 리우에서 열린 UN 환경개발 정상회의 (UNCED)에서 채택되었고 1993년 12월 29일에 발효되었다. 우리나라는 1994년 10월 3일에 가입 신청을 하여 1995년 1월 1일에 발효되었으며, 2014년 6월 기준으로 194개국이 협약 당사국으로 구성되어 있다. 이 협약의 목적은 생물 다양성을 보전하고, 생물자원의 지속 가능한 이용을 위한 것이며, 특히 생물 유전 자원의 이용으로부터 얻은 이익을 공평하게 공유하기 위한 협약이다. 〈나고야 의정서〉는 제12차 생물 다양성 협약 당사국 총회 부속 의정서인 제1차 나고야 의정서 당사국 회의에서 10월 12일 정식으로 발효되었다. 이 의정서가 발효됨에 따라 앞에서 언급했던 다양한 산업에 커다란 영향을 미칠 것으로 예측된다. 특히 우리나라에서도 많은 생물자원을 외국에서 수입하고 있는 실정이기 때문에 이들에 대해 어떻게 대처할 것인지 해결책을 찾아야 할 뿐 아니라, 토종 생물자원을 적극적으로 발굴하여 지속적으로 등록하는 노력도 필요하다.

전 세계에서 생물자원을 가장 많이 소유하고 있는 자원 부국을 M7 (Megadiversity 7)으로 칭한다. 여기에는 호주, 콩고민주공화국, 마다가스

카르, 콜롬비아, 멕시코, 브라질, 인도네시아 등이 속하며 세계 생물자원의 50% 이상을 소유하고 있다. 우리나라로서는 참으로 부러운 일이 아닐 수 없다.

한 예로서1992년 리우 회의에서 만들어진 "큐 밀레니엄 종자 은행"은 멸종 위험에 처한 식물 종의 씨앗을 지속적으로 수집해 식물 종을 되살리는 데 많은 기여를 하고 있다.

바야흐로 생물 다양성 보전과 소유에 대한 국가들의 관심이 커지고, 이러한 생물자원들이 한 국가의 바이오 산업의 흥망을 좌지우지할 수 있는 시대가 오기 때문에 그 중요성이 점점 더 커지리라 생각된다. 따라서 우리나라 생물 산업의 미래 청사진을 위한 전략적인 접근이 필요하다.

제3장
작은 공장으로서의 생물체

앞 장에서 언급한 바와 같이 미생물, 식물, 동물 등의 생물자원은 산업적으로 매우 중요하다. 현미경이 발명됨에 따라 이들의 기본 단위 세포(Cell)의 기본적 구조들도 밝혀져 왔다. 현미경을 최초로 이용한 안톤 판레이우엔훅(Anton van Leeuwenhoek, 1632-1723)은 네덜란드 사람으로 연못 물에서 눈으로는 볼 수 없는 세균 등의 작은 생명체들을 관찰하였고, 이들을 미생물(animalcules)이라고 불렀다(그림 3-1). 가장 작은 세균의 직경은 $0.1-0.2\mu m$이고, 대장균의 직경은 보통 $0.5\mu m$ 정도이다. 가장 큰 세포는 새나 포유동물의 알세포로, 특히 달걀 노른자는 단일 세포로 직경이 $50mm$나 된다.

세포라는 개념은 영국 사람인 로버트 훅(Robert Hooke, 1635-1703)이 코르크 참나무 껍질을 관찰하다 수도원의 붙어 있는 작은 방들을 연상하여 붙인 이름이다. 이후에 영국의 식물학자 로버트 브라운(Robert Brown, 1773-1858)이 핵을 발견하였고, 독일의 식물학자 마티아스 슐라이덴(Matthias Schleiden, 1804-1881)이 식물세포설을 발표하였다. 또한 독일의 동물학자 테오도어 슈반(Theodor Schwann, 1810-1882)도 동물세포설을 발표함으로써 오늘날의 세포설을 확립하는 데 여러 학자들이 커다란 기여를 하였다. 물론 세포들도 원자와 분자들로 구성되어 있으며 세포의 종류에 따라 지니고 있는 기관들이 조금씩 다르긴 하지만 기본적으로 같은

그림 3-1. 다양한 현미경

역할을 하는 공통적인 구성 요소들을 지니고 있다. 예를 들면 세포막, 세포질, 소기관, 핵 등이 그것이다. 세포막은 세포질을 둘러싸고 있으며 다른 생명체나 물질의 침입을 방지하는 역할을 한다. 중요한 소기관인 미토콘드리아는 에너지 대사에 필요한 에너지인 ATP(Adenosine Triphosphate)를 생산한다. 핵은 유전자를 포함하며 세포의 총체적인 활동을 제어한다. 이러한 기관들의 자세한 구조와 역할은 많은 교과서에 잘 설명되어 있으므로 여기에서는 생략한다.

일반적으로 생명체로 정의하는 몇 가지 내용을 살펴보면, 세포들이 생명체의 기본 구성 단위이고 이 세포에서 염색체가 복제되고 분배되는 과정인 유사 분열(mitosis)을 하며 세포막에 의해 둘러싸여 있다. 또한 세포는 에너지를 변형시켜 이용하며 모세포(mother cell)에서 유전자 정보를 보존하고 딸세포(daughter cell)로 전달하는 기능을 갖고 있다. 결국 모든 세포는 세포로부터 생성된다는 세포설에 근거한다. 세포는 유전 정보에 바탕을 두고 다양한 단백질을 합성할 수 있으며, 많은 대사 경로를 통해 필요한 물질 또는 에너지를 만들며, 온도 및 pH와 같은 외부 자극에 대하여 신호 전달 체계도 갖추고 있다.

반면에 바이러스는 무생물로 언급되어 왔으나 현재는 다른 세포에 기생하는 비세포성 생물체로 표현되며, 스스로 대사 작용을 할 수 없기 때문에 숙주세포 안에서만 기능적으로 활성을 나타낸다. 바이러스의 어원은 라틴어로 '독'이라는 뜻이다. 일반적으로 DNA 바이러스와 RNA 바이

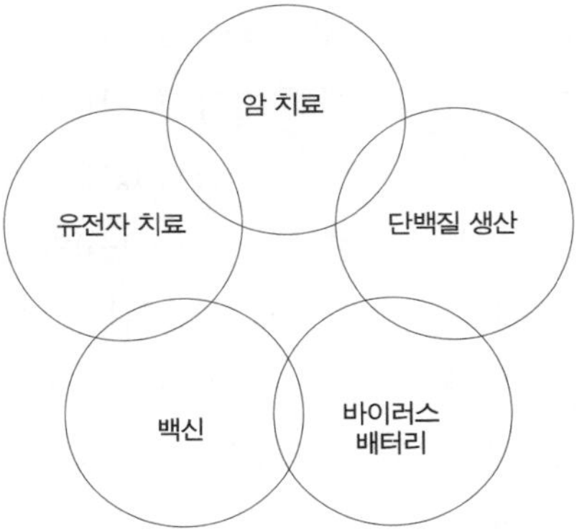

러스로 분류할 수 있으며,
DNA와 RNA는 각각 단일
가닥 또는 이중 가닥으로 이
루어져 있다. 이러한 유전
물질들은 캡시드라는 단백
질로 둘러싸여 있다. 그중
에서도 세균을 감염시키는
바이러스를 박테리오파지
(bacteriophage)라고 한다. 일
반적인 바이러스의 기작은

그림 3-2. 바이러스의 잠재적 응용성

2가지로 나눌 수 있다. 보통 바이러스는 숙주세포의 소기관을 이용하여
자신의 유전 물질을 복제하는데, 이러한 과정에서 숙주세포가 손상을 입
거나 파괴되어 질병을 일으키는 경우가 전형적이다. 또는 숙주세포가 바
이러스에 감염되더라도 질병이 발생되지 않고 단순히 매개체로 작용하
는 경우도 있다.

　최근에 다양한 바이러스들을 이용하여 유용 물질이나 에너지를 생산
하거나, 암세포 치료를 위해 유전자 치료의 중요한 벡터로 활용하는 연구
가 집중적으로 이루어지고 있다. 예를 들면 식물 바이러스를 이용하여 식
물 유래 단백질을 식물에서 대량생산하려는 연구와 M13 박테리오파지
의 유전자를 조작하여 티탄산바륨(BaTiO3)을 합성하여 나노 발전기를 개
발하려는 연구도 있었다(그림 3-2). 특히 암세포 치료를 위해서 RNA 바
이러스인 레트로바이러스(retrovirus)와 DNA 바이러스인 아데노바이러
스(adenovirus)를 유전자 치료 벡터로 이용하는 연구가 활발하게 이루어지
고 있다.

　보통 인간은 1개의 세포인 수정란에서 시작하여 세포분열이 지속적으
로 일어나면서 아기로 태어날 때 약 3조 개의 세포로 이루어져 있으며, 성
인이 되면 사람에 따라 다르겠지만 약 50조－100조 개의 세포를 갖고 있

다. 지금 우리가 활동하는 이 순간에도 세포분열이 계속 일어나고 있으며 신체의 죽은 세포가 각질로 바닥에 계속 떨어지고 있다. 한 사람에 존재하는 모든 세포들은 각각 핵 안에 모두 똑같은 DNA를 갖고 있다. 예외로 적혈구는 핵을 갖고 있지 않다. 또 한 가지 흥미로운 사실은 세포 소기관인 미토콘드리아(mitochondria)에는 모계로부터 받은 미토콘드리아 DNA(mDNA)가 존재하는데, 이는 모계로만 유전이 되며 계통학·생태학 및 인류학을 연구하는 데 매우 유용하다. 이 유전자는 이브 유전자라고도 불리며, 반면에 아버지로부터 아들에게로 전달되는 Y염색체는 아담 유전자라고 불린다. 이러한 유전자들을 분석하여 민족들의 이동 경로를 추적하는 데 활용하고 있다. 단국대 김욱 교수가 Y염색체를 이용하여 분석한 연구 결과에 따르면 우리나라 민족은 북방계가 70-80%, 남방계가 20-30%, 그리고 다른 소수 그룹이 혼합되어 있다고 한다.

식물의 소기관인 엽록체에도 자체의 DNA를 갖고 있다. 그 밖에도 많은 세균들은 자체의 주 DNA 외에 플라스미드(plasmid)라는 원형의 DNA를 갖고 있는 경우가 많다.

생명체는 계(kingdom), 문(phyla), 강(classes), 목(orders), 과(family), 속(genus), 종(species) 명으로 분류하는데, 스웨덴의 식물학자인 린네(Carl von Linné, 1707-1778)가 생명체에 학명을 붙여 속명과 종명을 이용하는 이명법(bionominal nomenclature)을 고안하였다. 예를 들면 대장균은 *Escherchia coli*라고 명명하는데 첫글자는 대문자로 쓰고, 밑줄을 긋거나 이탤릭체로 표현한다. 문장에서 반복되는 경우 약자를 이용하여 *E. coli*라고 표현할 수 있다. 현생 인류는 *Homo sapiens sapiens*로 표기하는데 맨 뒤의 *sapiens*는 아종명을 가리키며, *Homo sapiens*는 "지혜가 있는 사람"이란 뜻이다. 최근에는 인류가 급격하게 여러 면으로 진화하는 것을 표현하기 위해 다양한 신조어들이 많이 생겨나고 있다. 예를 들면 사회 전반에 걸쳐 융합 기술과 창의적 기술을 발전시킴에 따라 *Homo convergence* 또는 *Homo creative* 등이 생겨났고, SNS(social network service)가 발전하면서 *Homo*

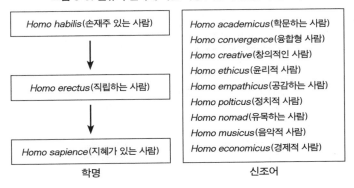

그림 3-3. 인류의 진화에 따른 학명(속명과 종명)의 신조어

학명	신조어
Homo habilis(손재주 있는 사람) ↓ *Homo erectus*(직립하는 사람) ↓ *Homo sapience*(지혜가 있는 사람)	*Homo academicus*(학문하는 사람) *Homo convergence*(융합형 사람) *Homo creative*(창의적인 사람) *Homo ethicus*(윤리적 사람) *Homo empathicus*(공감하는 사람) *Homo polticus*(정치적 사람) *Homo nomad*(유목하는 사람) *Homo musicus*(음악적 사람) *Homo economicus*(경제적 사람)

digitalis 등으로 표현되고 있다(그림 3-3).

미국의 생태학자 로버트 휘태커(Robert Whittaker, 1920-1980)는 생명체를 동물계(animalia), 식물계(plantae), 균계(fungi), 원생 생물계(protista), 원핵 생물계(monera)의 5계로 분류하였다. 그 밖에도 여러 계 분류 방법이 있지만 여기에서는 생략하고, 다만 원핵 생물계를 세균(eubacteria)과 고세균(archaea)으로 분류할 수 있음을 말해 둔다. 여기에서 고세균은 매우 오래된 세균으로 극한 환경에서 살고 있으며 보통 극한성 생물(extremophile)이라고 부르며, 일반 세균과 비교할 때 세포벽 및 원형질막의 성분도 다르고 뉴클레오티드 서열도 눈에 띄게 다르다. 또 한 가지 특이한 사실은 대사 과정도 다르다는 점이다. 이러한 고세균의 예로서는, 메탄을 생성하는 세균인 메탄균(methanogen), 고온과 낮은 pH에서 살 수 있는 호열 호산성 생물(thermoacidophile), 그리고 고농도의 염분이 포함된 곳에서 살 수 있는 호염성 세균(halobacteria) 등이 있다. 고세균은 산업적으로 매우 유용한 생물자원으로 알려져 있으며, 많은 연구자들이 다양한 고세균을 탐색하고, 산업적 응용을 위해 집중적으로 연구하고 있다(그림 3-4).

일반적으로 세포는 원핵세포(prokaryotic cells)와 진핵세포(eukaryotic cells)로 분류할 수 있다. 원핵세포의 두드러진 특징으로는 핵막이 없어 핵

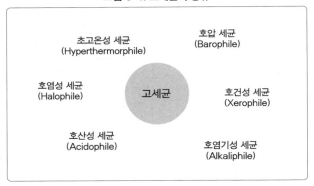

그림 3-4. 고세균의 종류

이 다른 부분과 나뉘어져 있지 않고, 단일 염색체로 존재하며, 소수의 세포 기관으로 이루어져 있다. 여기에는 단세포 형태를 가진 세균과 고세균이 포함된다. 반면에 진핵세포는 복잡한 핵이 핵막에 의해 둘러싸여 있으며 염색체의 수가 많다. 또한 세포 내에 다양한 소기관들이 존재한다. 다세포 형태를 갖고 있으며 균류(효모, 사상균, 버섯류), 원생 생물, 식물세포, 동물세포 등이 포함되며, 흥미롭게도 동물세포는 세포벽을 갖고 있지 않다(그림 3-5).

또한 덴마크의 세균학자 한스 크리스티안 그람(Hans Christian Gram, 1853-1938)은 세균의 세포벽의 조성이 다르다는 점에 기반을 둔 그람 염색법을 개발하여 세균을 그람 양성균(Gram positive)과 그람 음성균(Gram negative)의 2그룹으로 분류하였다. 그람 양성균으로는 일반적으로 세포 외막이 없고 두껍고 단단한 다중의 펩티도글리칸을 갖고 있는 고초균(*Bacillus subtilis*)이 있고, 그람 음성균으로는 세포 내막과 외막이 존재하고 내막은 단백질, 지질, 탄수화물로 구성되어 있으며 외막은 얇은 펩티도글리칸을 갖고 있는 대장균(*Escherichia coli*)이 대표적이다.

세포에 대한 기본적인 지식을 이해하고, 이 세포들의 산업적 응용을 위해 다음과 같이 생각해 보도록 한다. 만약 한 개의 세포를 하나의 작은 공장이라 생각하면 그 공장 속에서 최종 제품을 생산하기 위한 많은 공정

그림 3-5. 원핵세포와 진핵세포

	원핵세포	진핵세포
핵막으로 둘러싸인 핵	X	O
염색체 수	1개	1개 이상
인	X	O
미토콘드리아	X	O
엽록체	X	O
소포체	X	O
골지체	X	O
세포벽	O (세포벽이 펩티도글리칸으로 구성됨)	O (식물세포에는 있고 동물세포에는 없음)

라인이 일정하게 작동하듯이 세포 내 기관들도 거의 유사하게 작동한다. 다른 점이 있다면 공장은 필요에 따라 설치된 공정 라인 프로그램을 바꿔야 하지만 세포 공장은 내부 또는 외부 환경에 스스로 잘 적응하여 적절한 대사(metabolism)를 한다는 점이다. 그러나 현대 과학이 발전함에 따라 세포의 내부에서 일어나는 대사 작용과 기작 등이 점차로 밝혀지고, 또한 외부에서 물리적·화학적·생물학적 자극을 주었을 때 세포 내부에서 일어나는 생물반응들에 대한 실험 결과들이 축적됨에 따라 인간이 다양한 세포의 대사 작용을 어느 정도 제어할 수 있는 수준이 되었다. 이에 관련한 대표적인 분야를 대사공학(metabolic engineering)이라 부르며, 생명공학 제품의 대량생산을 위해 다양한 세포의 대사 경로를 인위적으로 제어할 수 있는 기술에 관련된 학문이다. 또한 이와 연관된 합성 생물학 분야도 급속도로 발전하고 있다(그림 3-6).

예를 들면 인간 게놈 프로젝트(Human Genome Project)를 국제 연구 그룹과 함께 수행했던 민간 기업 셀레라 지노믹스(Celera Genomics)의 설립자 크레이그 벤터(Craig Venter, 1946-)는 2010년 《사이언스》(*Science*)지에 "Creation of a bacterial cell controlled by a chemically synthesized genome"

그림 3-6. 대사 경로의 예

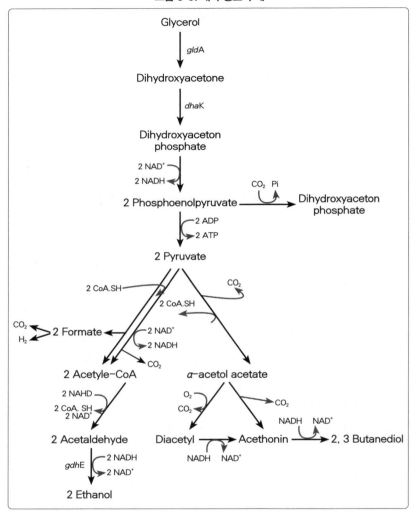

이라는 제목으로 인공적으로 합성한 유전자를 이용한 인공 합성 세포 관련 논문을 발표하였다. 마이코플라즈마 카프리콜룸(*Mycoplasma capricolum*)의 게놈을 제거하고 마이코플라즈마 마이코이데스(*Mycoplasma mycoides*)의 게놈을 분석하여 DNA를 합성하고 효모에서 조립한 후, 이를 마이코

플라즈마 카프리콜룸(*M. capricolum*)에 넣어 인공 생명체를 제조하였다. 또한 2016년 3월 동일지에 "Design and synthesis of a minimal bacterial genome"이라는 제목으로 보통의 세균의 1/6 정도의 염기쌍(531 kbp)을 보유하고, 유전자 473개를 갖는 인공 생명체(JCVI-syn3.0)를 만들었다고 발표하였다. 이러한 기술은 미래에 다양한 생산물을 생산하기 위해 맞춤형 세포 공장을 활용할 수 있을 것으로 예상된다.

세포의 구조는 다양하지만 생명 활동을 위해 기본적으로 영양분을 섭취하여 대사 경로를 통해 수많은 필요한 대사물질들 또는 에너지를 만들어 곧바로 이용하기도 하고 축적하여 필요할 때 이용하기도 한다. 기본적으로 세포는 그 자체가 기본 원소들인 탄소, 수소, 산소, 질소와 무기질 등으로 구성되어 있으므로 필요한 영양분, 즉 탄소원, 질소원, 산소원, 무기염류, 비타민 등을 포함하는 물질들이 필요하며 물론 이 물질들은 대사 작용을 통한 대사 산물 및 에너지의 생산에도 필수적이다. 이러한 물질 대사에는 동화 작용(anabolism)과 이화 작용(catabolism)이 있다. 동화 작용은 간단한 분자들을 이용하여 좀더 복잡한 물질을 합성하는 것이고, 이화 작용은 복잡한 물질들을 간단한 분자들로 분해하는 것이다. 또한 이러한 작용을 하는 동안 에너지를 축적 또는 방출하는 반응이 일어난다.

지구상에 존재하는 일반적인 생명체는 탄소, 수소, 산소, 질소, 인, 황이 주요한 요소로 알려져 있다. 2010년에 NASA(National Aeronautics and Space Administration)에서 독성 물질인 비소(arsenic)를 섭취해 성장하는 세균을 캘리포니아주 모노 호수에서 발견했다고 발표한 적이 있다. 인 대신에 비소를 포함한 이 세균의 존재는 우주에서도 다양한 영양분을 이용해 생명체가 살 수 있다는 증거로 볼 수도 있어 흥미롭다.

이와 같은 세포의 대사 작용을 이용하여 인류는 식품, 의약품, 농업, 환경 등의 많은 분야에 응용하여 왔다. 특히 발효는 오래전부터 이용되어 왔다. 초기에는 술을 제조하기 위한 효모에 의한 에탄올 발효에 국한되었으나 현재 발효(fermentation)라는 의미는 산업적으로는 미생물 세포를 대

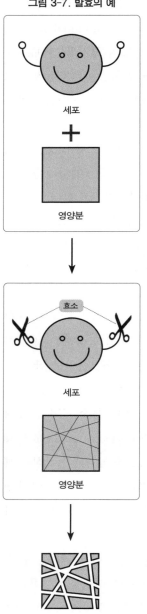

그림 3-7. 발효의 예

세포

+

영양분

↓

효소

세포

영양분

↓

다양한
1차, 2차 대사물

량 배양하여 생산물을 생산하는 모든 공정을 말한다. 반면에 생화학적으로는 유기화합물이 분해될 때 에너지가 생성되는 과정으로 정의한다. 발효의 영어 어원은 라틴어에서 나왔는데, 효모의 에탄올 발효 중에 이산화탄소가 계속 버블 모양으로 방출되는 것이 마치 물이 끓는 것처럼 보였던 것에서 기원한다. 일반적으로 식물세포나 동물세포를 배양하여 유용한 물질을 생산하는 것은 발효라 하지 않고 식물세포 배양과 동물세포 배양이라고 한다(그림 3-7).

세포를 대량 배양한다는 것은 세포의 숫자가 증가할수록 그만큼 원하는 생산물을 생산할 수 있는 세포 공장이 증가하여 한꺼번에 많은 생산물을 생산할 수 있다는 뜻이다. 또한 공정이란 말은 이러한 목적을 이루기 위한 일련의 여러 과정의 조합을 말한다. 물론 세포 공장의 숫자만 증가한다고 무조건 원하는 생산물을 많이 생산하는 것이 아니고 증가된 세포 공장들이 원하는 생산물을 제대로 생산하게끔 환경을 적절하게 조성해 주어야 한다. 그 환경에는 온도, pH, 산소 농도, 영양분의 종류와 농도, 생물반응기 등 다양한 요소가 있다. 따라서 특정한 세포로부터 어떤 유용한 물질을 대량생산하려면 그 세포 자체의 여러 생물학적 특성들을 기본적으로 잘 이해해야 한다

48

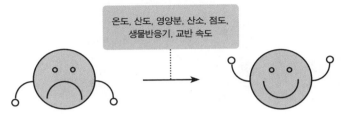

그림 3-8. 세포 공장에 영향을 미치는 요소들

온도, 산도, 영양분, 산소, 점도, 생물반응기, 교반 속도

(그림 3-8).

일반적으로 대량 배양을 통해 우리가 얻을 수 있는 유용한 물질들을 몇 가지로 구분하면 세포 자체, 효소, 대사산물, 그리고 세포나 효소에 의해 변환된 물질(biotransformation) 등으로 나눌 수 있다. 각각의 예를 들어보면, 생산 제품이 세포 자체의 경우 가장 잘 알려진 것으로는 효모가 있다. 산업적인 효모에는 에탄올 발효 효모와 빵 발효 효모가 있다. 이러한 효모들은 현재 일반 시장에 유통되고 있으며 효모 세포 자체가 생산 제품인 것이다. 세포만 대량으로 배양하고 회수하여 건조시키거나 젖은 상태로 만든 후 포장하여 시장에 유통된다. 보통 젖은 상태의 효모는 다른 미생물에 의해 쉽게 오염될 수 있어 냉장 보관을 하며 유통 기간이 짧다. 반면에 수분이 5% 이하로 유지된 건조 효모는 유통 기간이 길어 국외로 수출하는 경우가 많다(그림 3-9).

효소는 용도에 따라 3가지 정도로 나눌 수 있는데 산업용 효소, 진단용 효소, 치료용 효소가 그것이다. 산업용 효소의 예로서 탄수화물 분해효소, 단백질 분해효소, 지방 분해효소, 섬유소 분해효소 등이 있다. 일반적으로 산업용 효소는 순도가 높지 않아도 다양한 분야에 이용할 수 있으므로 부분 정제를 하며, 상대적으로 값이 그리 비싸지 않다. 진단용 효소에는 주로 산화효소와 환원효소들이 있으며 바이오칩들 중 단백질칩 및 바이오센서 등에 이용되고, 질병을 검출하는 데 많이 활용된다. 순도는 100%가 아니더라도 일련의 정제를 통해 약 95-98% 정도의 순도를 유지한다. 그리고 치료용 효소에는 소화제 효소, 항소염 효소, 혈전 분해효소

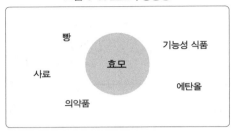

그림 3-9. 효모의 응용성

등이 있으며, 치료용으로 이용되기 때문에 불순물이 포함되지 않는 거의 순도 100% 수준을 유지해야 한다.

만약 일부 불순물이 포함된 치료용 효소를 사람의 몸에 투여할 경우 알레르기 반응이나 심한 독성을 나타내어 상당한 부작용을 초래할 수 있다. 따라서 정제 비용이 많이 들기 때문에 3종류의 효소 중 가장 비싸며 다양한 재조합 효소들도 주로 여기에 포함된다(그림 3-10).

대사산물은 세포의 성장에 필수적인 1차 대사산물(primary metabolites)과 세포 성장과 직접적으로 관계 없는 2차 대사산물(secondary metabolite)로 크게 나눌 수 있다. 전자는 주로 아미노산, 핵산, 단백질, 탄수화물, 유기산 등과 같이 세포의 성장에 필수적인 물질들이며, 후자는 알칼로이드, 향료, 항생물질 등과 같이 세포의 성장과는 관계 없이 오히려 세포 자체의 방어 기작과 관련이 있는 물질들로 알려져 있다. 1차 대사산물과 2차 대사산물의 관계를 살펴보면 세포가 성장하면서 주로 1차 대사산물을 생산하는 경우, 세포가 생산된 1차 대사산물을 이용하여 2차 대사산물로 전환하는 경우, 그리고 세포가 성장하면서 1차 대사산물을 생산하고 영양분으로부터 직접 2차 대사산물을 생산하는 경우가 있다. 그 밖에 위에서 언급한 물질들을 필요성에 따라 화학적 또는 생물학적인 방법에 의해 구조를 바꾸어 새로운 물질들을 만들어 낼 수도 있다. 특히 그중에서도 스테로이드 물질들과 항생물질들이 대표적인 예이다.

이러한 유용한 물질들을 효율적으로 세포 공장에서 생산하려면 앞에

그림 3-10. 효소의 종류

산업용 효소	진단용 효소	치료용 효소
아밀라아제(amylase) 프로테아제(protease) 리파아제(lipase) 셀룰라아제(cellulase)	글루코스 옥시다아제 (glucose oxidase) 알코올 옥시다아제 (alcohol oxidase) 콜레스테롤 데히드로 게나아제(cholesterol dehydrogenase)	스트렙토키나아제 (streptokinase) 유로키나아제(urokinase) 아데노신 디아미나아제 (Adenosine deaminase) 소화용 효소 (Digestive enzymes)

서 언급하였듯이 세포의 활성과 더불어 적절한 환경을 조성해 주기 위해 여러 가지 고려할 사항들이 있는데, 영양분의 조성과 농도, 배양 조건 등이 그것이다. 사실 이러한 기술적인 면이 매우 중요하지만, 이 외에도 기본적으로 역사적·문화적·경제적·사회적·정치적인 면들도 어느 정도 인지하는 것이 중요하다.

만약 어떤 고부가가치 물질을 생산하고자 한다면 경제성 및 시장조사 등이 우선이고, 가능성이 있다고 판단된다면 생산물을 생산하기 위한 기본 데이터가 필요할 것이다. 요즘은 빅데이터(big data)라는 도구가 있어 전보다는 전체적인 구도를 파악하는 데 훨씬 수월하리라 생각된다. 빅데이터는 최근에 비즈니스 등 다양한 분야에 활용할 수 있는 강력한 도구로 이용되고 있다. 바로 몇 해 전에 다보스 포럼이 발표한, 주목해야 할 과학 기술 10개 중에 빅데이터 처리 기술이 들어가 있고, 또한 앞에서 언급했던 합성생물학과 대사공학도 포함되어 있다. 한편 기술적인 면에서의 기본 데이터의 축적은 일단 실험실에서 시작된다. 초기 단계에서 제일 중요한 것은 세포의 선택이다. 왜냐하면 세포가 원하는 물질을 생산할 수 있어야 하고 가능하면 많은 양을 생산할 수 있다면 더 좋을 것이다. 이러한 면에서 선택한 세포가 우리가 원하는 생산물을 얼마나 생산할 수 있는가는 기본적으로 세포의 활성, 수율, 생산성 등에 달려 있다. 이러한 요소들은 경제성과 직접 관련이 있기 때문에 중요한 것이다. 세포의 활성은 세포가 안정성을 갖고 항상 일정한 농도의 생산물을 생산할 수 있는지를 말

그림 3-11. 씨앗 세포

씨앗 세포   -70℃ 보관

한다. 다시 말하면 건강한 세포가 필요하다. 생물 산업 관련 기업체에서는 항상 활성이 높고 안정한 건강한 세포를 개발했을 때 대량으로 배양하여 수천 개 또는 수만 개의 씨앗 세포(seed 또는 inoculum)를 만들어 동결 건조하거나 글리세롤을 이용하여 작은 용기에 각각 담아 초저온 냉동고에 보관하면서 한 개씩 꺼내어 이용한다(그림 3-11).

수율(yield)이라 함은 세포가 일정한 농도의 영양분을 소비했을 때 생산된 생산물의 비율, 또는 일정한 세포 농도에 대한 생산물의 비율 등으로 표현된다. 생산성(productivity)은 일정한 단위 시간에 대해 생산된 생산물의 농도라 말할 수 있다. 이 요소들은 세포 공장의 효율성을 평가하는 데 매우 중요하다. 기본적으로 수율과 생산성은 제품의 경제성과 밀접한 관계가 있기 때문에 항상 분석이 필요하다.

우리가 원하는 생산물을 생산하기 위해 적절한 세포를 선택하였다고 가정하자. 우선 세포의 배양을 위해 적절한 영양분을 공급하고, 산소 공급을 위해 공기를 투입하고, 배양 조건을 맞추어 줄 것이다. 물론 모든 과정은 순수배양으로 이루어져야 한다. 일반적으로 배양에는 산소를 공급해 주는 호기성 배양(aerobic culture)과 산소가 없는 상태에서 배양하는 혐기성 배양(anaerobic culture)이 있다. 성장하는 데 산소가 꼭 필요한 호기성 생물체가 있고, 산소가 있을 때 성장이 억제되고 산소가 없을 때만 성장할 수 있는 혐기성 생물체가 있다. 산소가 있을 때나 없을 때나 대사 경로를 조절함으로써 두 환경에서 모두 성장할 수 있는 통성 또는 선택성

(facultative) 생물체도 있다. 대부분의 생물체는 호기성 생물체이고 땅속 또는 강이나 바닷속 깊은 곳에서 메탄을 생산하는 생물체들은 주로 혐기성 생물체이다. 통성 생물체로는 대표적으로 효모를 들 수 있다.

호기성 배양 시 산소 공급을 위해 공기를 투입한다. 산소 가격이 비싸므로 공기를 연속적으로 공급함으로써 수분 또는 물에 용해된 산소를 세포가 이용할 수 있도록 하기 위해서이다. 유용한 물질들을 생산하는 대부분의 세포들은 산소를 필요로 한다. 또한 순수배양이라 함은 우리가 알고 있는 세포만을 배양하는 것을 말한다. 따라서 우리가 알지 못하는 세포들이 침범하여 함께 성장하였다면 이는 오염된 것이고, 항상 오염되지 않도록 주의를 기울여야 한다. 특히 대규모 배양에서 오염이 발생한다면 이는 기업체 차원에서 재앙이 될 것이다. 이러한 순수배양을 위해 일정한 용기에 포함되어 있는 물 또는 수분에 용해된 영양분을 멸균 장치를 이용하여 멸균하고, 씨앗 세포도 오염이 되지 않게 주의를 기울여야 한다.

영양분에는 앞에서 언급한 바와 같은 여러 성분들이 포함되어 있지만 중요한 것은 세포가 잘 성장하고 생산물을 생산할 수 있는 영양분들의 적절한 조합을 찾아야 하며 가능하면 값이 싼 영양분을 선택해야 한다는 것이다. 나중에 생산된 제품의 가격에 커다란 영향을 주기 때문이다. 기업체에서 한꺼번에 매우 큰 규모로 값싼 생물 제품을 대량생산할 때 일반적으로 원료 영양분의 가격이 전체 공정에 들어가는 비용의 70-80%까지 차지하는 경우도 있다. 특히 탄소원 또는 질소원이 주로 포함된 영양분은 용해성과 불용성의 두 가지 종류로 나눌 수 있는데, 이는 배양에 여러 가지 영향을 미칠 수 있다.

배양 조건에 있어 가장 기본적인 것은 세포가 잘 성장하고 또한 생산물을 효율적으로 생산할 수 있는 배양 온도와 pH값이다. 배양 온도에 따라 세포를 구분하면, 20℃ 이하에서 잘 성장하는 세포를 저온균(psychrophile), 20-50℃에서 잘 성장하는 세포를 중온균(mesophile), 그리고 50℃ 이상에서 잘 성장하는 세포를 고온균(thermophile)이라 부른다.

앞에서 언급했던 많은 고세균들은 주로 극한 환경에서 생존하는 세포로 극한성 생물(extremophile)이라 부른다.

적절한 배양 온도와 최적의 pH로 맞추어진 용기 속의 영양분 용액 또는 슬러리는 이제 세포를 받아들일 준비가 된 것이다. 이 단계에서 미리 준비되었던 씨앗 세포가 필요하다. 씨앗 세포를 용기 속의 멸균된 영양분에 옮기는 작업이 필요하고 이 작업을 접종(inoculation)이라 하는데 이 과정에서 다른 세포에 의해 오염되지 않아야 한다. 용기 속에서 씨앗 세포는 풍부한 영양분을 마음대로 섭취할 수 있는 환경에 들어왔지만 새로운 환경이기 때문에 적응하는 데 시간이 걸린다. 우리가 새로운 문화나 환경을 갑자기 접하면 문화 충격을 겪듯이 이 씨앗 세포들도 그러한 과정을 겪는 것이다. 적응 시간은 세포의 종류에 따라 조금씩 다르긴 하지만 일반적인 현상이다. 이를 지연기(lag phase)라 부른다. 이 지연기는 영양분을 이용하기 위해 중심 이론(Central Dogma)에 따라 효소 단백질을 생산하는 데 걸리는 시간으로 볼 수 있다.

여기에서 중심 이론이란 유전자의 DNA분자에 저장된 정보로부터 단백질이 발현되는 과정을 말한다. DNA에 저장된 정보를 복제하여 RNA에 전달하고, 이로부터 유전 정보를 번역하여 리보솜(ribosome)에서 단백질을 합성하는 일련의 과정이다(그림 3-12).

일단 적응이 된 후에는 세포가 풍부한 영양분과 산소 등을 최적의 환경에서 섭취하므로 세포의 수가 기하급수적으로 늘어난다. 이때 앞에서 언급한, 성장에 필수적인 1차 대사산물이 주로 생산된다. 이때를 대수기(logarithmic phase 또는 exponential phase)라고 부른다. 성장된 많은 세포들이 영양분을 섭취함에 따라 점차로 영양분이 감소하면서 세포의 수는 더 이상 증가하지 않으며 거의 일정한 세포 수를 유지한다. 이때 성장에 필수적이지는 않지만 방어 기작에 관련된 물질들인 2차 대사산물이 생산된다. 이 시기를 정체기(stationary phase)라 한다. 이후 섭취할 영양분이 고갈되면서 세포의 수는 점차로 감소하며 사멸기(decline phase 또는 death phase)

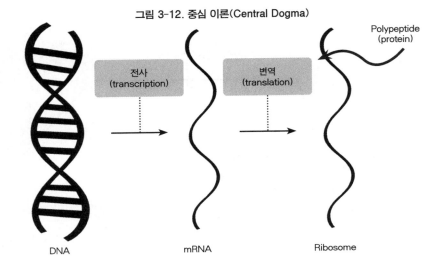

그림 3-12. 중심 이론(Central Dogma)

전사
(transcription)

변역
(translation)

Polypeptide
(protein)

DNA   mRNA   Ribosome

에 접어든다.

이러한 단계들은 용기 속에 영양분이 한정되어 있는 배양인 회분식 배양(batch culture)에서의 일반적인 경향으로 성장 곡선(growth curve)라고 한다. 이러한 환경에서 세포의 종류에 따라 최대의 세포 수에 이르는 데 걸리는 시간이 각각 다르다. 예를 들면 대장균의 경우는 5–6시간 정도 걸리고, 보통의 사상균들은 약 일주일, 그리고 식물세포는 2주까지도 걸릴 수 있다. 따라서 세포들의 이러한 기본적 특성을 잘 이해하고 적절하게 제어하면 우리가 원하는 최종 산물을 효율적으로 생산할 수 있다(그림 3–13).

그러면 세포가 어떻게 영양분과 산소를 제대로 섭취할 수 있는지 알아보자. 현재 세포에 의해 유용한 물질을 생산하는 대부분의 호기성 배양에서는 산소를 필요로 하고, 용해성 또는 불용성의 영양분과 함께 공기에 포함된 산소는 물속에 용해되어 있는 상태로 공급된다. 이와 같이 물의 역할은 매우 중요하다. 그뿐만 아니라 pH 조절도 물이 있기 때문에 가능하며, 배양기의 배양 온도를 일정하게 유지해 놓으면 물의 온도도 일정하게 유지되기 때문에 물 속에서 성장하고 있는 세포도 같은 온도를 유지할

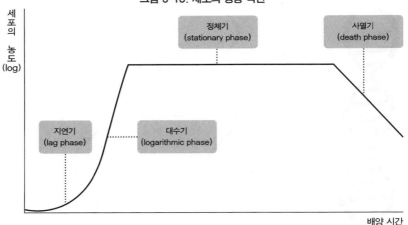

그림 3-13. 세포의 성장 곡선

수 있는 것이다. 온도에 의한 열이 골고루 전달이 되기 때문이다. 또 한 가지 중요한 사실은 물속에 용해되어 있는 영양분과 산소가 세포에 잘 전달될 수 있다는 점이다. 다시 말하면 물속에 잠겨 있는 세포가 영양분 및 산소와 가장 효율적으로 접촉할 수 있다면 그만큼 세포 속으로 잘 전달될 수 있다는 것이다. 따라서 효율적이고 계속적인 혼합(mixing)이 필요하다.

세포는 이러한 과정을 거쳐 영양분과 산소를 섭취한 후 세포 내에서 복잡한 대사 작용을 거쳐 다양한 대사산물과 이산화탄소 등을 세포 밖으로 배출하거나 세포 내에 축적하게 된다. 배출되는 물질들 역시 물을 통해 세포 밖으로 나오고, 배출된 다양한 대사산물들 중 우리가 원하는 대사산물도 포함되어 있으며 이산화탄소는 배양액으로부터 공기로 전달되어 배출된다. 이후에 원하는 최종 산물이 세포 그 자체일 수도 있고, 또는 대사산물이 세포 내에 축적되거나 세포 밖으로 배출되는 경우가 있다. 최종 산물이 어떠한 상태에 있는지를 잘 파악하고 적절한 방법을 이용하여 회수하면 된다. 회수 방법에 대해서는 제8장에서 자세히 설명하도록 한다.

이와 같이 선별, 개발된 세포는 유용한 물질을 생산하는 살아 있는 공장으로 훌륭하게 작업하여 인류의 복지에 기여한다. 세포 내외에서 이러한 작업을 훌륭하게 수행할 수 있게끔 하는 제일 중요한 물질 중의 하나가 효소이고, 다음 장에서는 효소의 기본적 개념과 기능에 관해 설명한다.

제4장
생물체에서 생산되는 효소의 힘

생물체에서 생산되는 효소(enzyme)는 일반적으로 생체촉매(biological catalyst) 또는 생촉매(biocatalyst)라 불리는 유기촉매이다. 화학반응에서의 무기촉매가 반응을 촉진시키는 물질인 것처럼 생체촉매도 마찬가지이다. 생체 내, 다시 말하면 세포 내에서 생화학반응을 촉진시키는 특수한 단백질이다. 생화학반응도 기본적으로는 화학반응이며 세포 내에서 물질들을 분해하거나 합성하는 반응을 말한다. 이러한 수많은 반응들은 특수한 단백질인 효소의 도움 없이는 진행되기 어렵다. 세포 내에는 수없이 많은 반응이 존재하므로 이를 수행하는 수많은 효소가 존재하지만 아직까지도 한 세포 내 모든 효소를 밝혀내기는 어려운 실정이다. 하지만 고등생물일수록 더 많은 반응이 진행되고 따라서 더 많은 효소가 있으리라는 것은 예상할 수 있다. 현재까지 알려진 효소는 약 3천 종류가 있으며 이 중 60여 종류가 대량으로 생산되고 있다. 그리고 효소를 세대별로 분류하면 제1세대 효소는 천연 효소, 제2세대 효소는 고정화 효소, 제3세대 효소는 재조합 효소, 그리고 제4세대 효소는 인공 효소로 나눌 수 있다. 현재 산업적으로는 주로 제2세대 효소인 고정화 효소와 제3세대 효소인 재조합 효소가 사용되고 있고, 제4세대 효소인 인공 효소를 개발하기 위한 연구가 활발하게 이루어지고 있다. 이와 관련하여 효소 산업에서 가장 활발하게 이용되고 있는 기술들로는 고정화 기술, 재조합 기술, 분리 정제 기술, 스크리닝 기술 및 돌연변이 기술 등이 있다. 이러한 기술들은 생명공학 분야 산업이 발전하면서 오랫동안 연구 개발이 진행되어 왔으며 현재도 산업적으로는 매우 중요하다.

그러면 효소에 대해 살펴보기 전에 우선 단백질의 기본적인 개념에 관해 알아보기로 한다.

단백질의 어원은 "of prime importance"를 의미하며, 네덜란드 화학자 헤라르뒤스 뮐더르(Gerardus Mulder, 1802-1880)가 화학적 성분을 밝혀내 처음으로 "protein"이라는 단어를 이용했다. 화학적 성분은 일반적으로 탄소, 질소, 수소, 산소, 황, 인과 금속 성분들로 이루어져 있으며, 상당히 큰 분자량을 갖고 있다. 단백질 분자는 20종의 아미노산(amino acid)이 어떠한 순서로 펩티드 결합을 이루고 있느냐에 따라 3차원적인 구조가 달라지고, 이에 따라 기능도 달라진다. 각각의 아미노산은 물에 쉽게 용해되며 산성 또는 염기성을 띠고 있다.

일반적으로 단백질은 순수한 아미노산으로만 구성되어 있는 경우가 있고, 아미노산과 유기물질 또는 무기물질이 결합하여 복잡한 구조를 형성하는 경우도 있다. 예를 들면 생물체의 부위에 따라 아미노산이 탄수화물, 지질, 핵산과 결합되어 있기도 하고, 금속 이온과 결합되어 있는 경우, 그리고 헤모글로빈 또는 엽록소 등과 결합되어 있기도 하다. 효소나 헤모글로빈 같은 구형의 단백질은 물에 잘 용해되고 생체 반응을 촉진시키거나 물질을 수송하는 기능을 갖고 있으며, 손톱, 발톱, 머리카락 등을 구성하고 있는 섬유 모양의 단백질은 물에 녹지 않으며 단단한 구조를 갖는다.

생물체에 존재하는 단백질을 세부적으로 분류해 보면 콜라겐(collagen)과 같은 구조 단백질, 페리틴(ferritin)과 같은 저장 단백질, 헤모글로빈(hemoglobin)과 같은 수송 단백질, 액틴(actin)과 미오신(myosin) 같은 수축성 단백질, 그리고 막 단백질 등이 있으며, 산업적으로 매우 중요한 단백질로는 효소, 호르몬, 항체, 톡신 등이 있다.

그림 4-1. 단백질의 구조

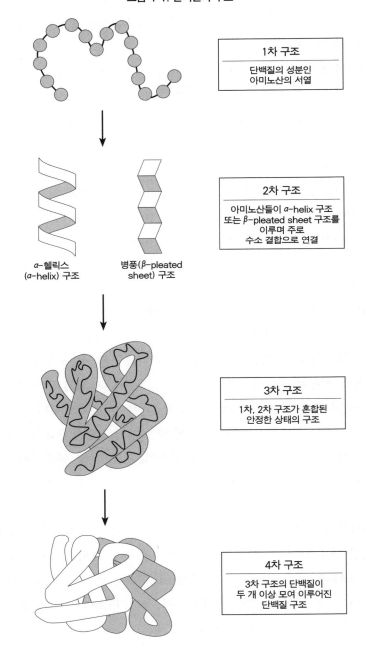

1차 구조

단백질의 성분인
아미노산의 서열

α-헬릭스
(α-helix) 구조

병풍(β-pleated
sheet) 구조

2차 구조

아미노산들이 α-helix 구조
또는 β-pleated sheet 구조를
이루며 주로
수소 결합으로 연결

3차 구조

1차, 2차 구조가 혼합된
안정한 상태의 구조

4차 구조

3차 구조의 단백질이
두 개 이상 모여 이루어진
단백질 구조

단백질의 구조는 매우 복잡하며, 이 구조의 특성에 따라 기능이 달라진다. 앞에서 언급했던 펩티드 결합은 한 아미노산의 카르복실기와 다른 아미노산의 아미노기가 결합할 때 물이 빠져나오는 축합 반응에 의해 형성된다. 이 결합은 매우 견고해 pH나 용매에 의해 쉽게 영향을 받지 않으며, 산, 알칼리 및 단백질 분해효소에 의해 가수분해될 수 있다. 기본적으로 단백질의 구조는 1차 구조(primary structure), 2차 구조(secondary structure), 3차 구조(tertiary structure), 4차 구조(quaternary structure)로 나눌 수 있다. 1차 구조는 단백질 사슬에서 아미노산의 배열 순서 자체를 의미하고, 2차 구조는 폴리펩티드 사슬 중 일부 특이한 모양의 사슬을 의미하는데, 여기에는 나사처럼 굽은 모양의 α-helix, 접힌 종이 모양의 β-pleated sheet 등이 대표적이다. 이러한 구조들은 구형 또는 섬유 모양의 단백질에 많이 분포되어 있다. 3차 구조는 보통 구형 단백질의 3차원적인 구조를 말하며, pH와 온도에 대해 상당히 안정한 편이다. 이 구조에는 수소 결합, 소수성 결합, 염에 의한 결합, 이황화 결합 등이 분포되어 있어 견고한 구형의 단백질을 이룬다. 4차 구조는 1개 이상의 폴리펩티드 사슬들로 구성되어 있으며 역시 3차 구조에 분포된 다양한 결합들이 구조를 이루는 데 중요한 역할을 한다(그림 4-1).

그러면 효소의 기본적 개념, 기능과 종류, 산업적 응용에 관해 살펴보기로 한다. 효소라는 단어는 그리스어로부터 기원하는데 1878년에 독일의 생리화학자 빌헬름 퀴네(Wilhelm Kühne, 1837-1900)가 효모의 발효와 관련한 반응성을 표현하기 위해 만들었다. 직역하면 "효모 속에 있는"(in yeast)이란 뜻이다. 효소의 크기는 일반적으로 5-20나노미터의 범위에 있으며, 효소의 이름은 보통 기질로부터 유래된 이름 뒤에 -ase(-아제)를 붙여서 나타낸다. 반응의 형태에서 유래된 이름도 사용한다. 여기에서 기질이란 효소가 작용하는 화학물질 또는 반응물을 나타낸다. 효소는 원래 3차원 구조를 갖고 있는 단백질로만 구성된 것이 있고, 단백질과 보조 요소(cofactor) 또는 단백질과 조효소(coenzyme)로 구성되어 보조 요소와

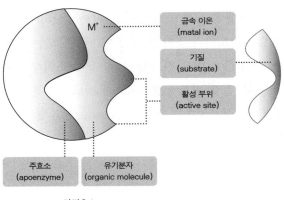

그림 4-2. 효소의 구조

금속 이온
(matal ion)

기질
(substrate)

활성 부위
(active site)

주효소
(apoenzyme)

유기분자
(organic molecule)

완전효소
(holoenzyme)

조효소가 결합되어 있지 않으면 효소의 기능을 하지 못하는 것들도 있다. 보조 요소는 무기염류이다. 효소에 따라 다양한 무기염류가 작용하는데 Ca, Mg, Fe, Zn, Cu, K, Mn, Na 등이 그것들이며 물론 이온들로 작용한다. 조효소는 단백질이 아닌 유기물질로 일반적으로 비타민으로부터 유도된 복잡한 유도체들이다. 예를 들면 NAD, FAD, Coenzyme A 등이 그것들이다. 단백질의 한 종류인 효소는 이와 같이 복잡한 입체 구조를 갖고 있다. 다양한 아미노산들의 결합으로 이루어진 단백질의 기본 구조들을 고려하면 상상이 갈 것이다.

효소의 구조 중 단백질 부분을 주효소(apoenzyme)라 부르며 이 주효소에는 활성 부위(active site)라 불리는 중요한 부분이 있는데 이 부분에 기질이 결합하여 반응 후 다른 물질로 전환된다. 활성 부위의 개수는 효소에 따라 다르지만 1개부터 여러 개 있는 것까지 다양하다. 주효소에 보조 요소나 조효소가 결합되어 있는 경우 이를 완전 효소(holoenzyme)라 부른다 (그림 4-2).

효소는 기질 특이성(substrate specificity)을 갖고 있어 각각의 효소는 오직 한 가지 반응에만 관여한다. 효소는 L 형태의 아미노산으로 구성되어

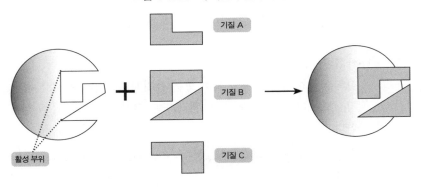

그림 4-3. 효소의 자물쇠-열쇠 이론

있고, 활성 부위에 특정한 기질만이 딱 들어맞게 되어 있다. 이를 자물쇠와 열쇠 이론(Lock and Key theory)이라 부른다. 이 이론은 독일 화학자 에밀 피셔(Emil Fischer, 1852-1919)가 1894년 처음으로 제안하였다. 피셔는 당, 효소, 단백질에 관한 많은 연구를 하였으며 1902년에 당과 퓨린의 합성에 관한 업적으로 노벨상을 수상했다. 1958년 미국 생화학자 대니얼 코시랜드(Daniel Koshland, 1920-2007)가 1958년 자물쇠와 열쇠 이론을 약간 변형하여 유도 적합 이론(Induced-Fit theory)을 제안하였다. 이는 효소가 기질과 반응할 때 활성 부위가 유연성이 있어 모양이 변하면서 기질과 딱 들어맞게 된다는 이론이다. 효소와 기질의 반응을 잘 설명해 주는 대표적인 이론들이다. 효소반응은 위의 이론처럼 기질과 효소가 반응하여 효소-기질 복합체를 형성하고, 기질은 생산물로 전환되어 효소에서 떨어져 나온다. 효소는 그 자체가 변형되지 않고 다시 기질과 반응할 수 있다(그림 4-3).

일반적으로 효소의 성능을 평가할 때 최적 온도와 pH에서 한 분자의 효소가 단위 시간당 생산물로 전환할 수 있는 최대 기질의 분자 수를 계산하는데, 이를 전환 수(TON: turnover number, kcat)라 부른다.

그러면 효소의 종류를 살펴보자. 효소는 6종류로 분류할 수 있는데 이러한 분류와 이름은 국제생화학분자생물학협회(the International Union of

Biochemistry and Molecular Biology) 명명위원회의 추천을 받아 효소위원회 (EC: Enzyme Commission)에서 정한다. 효소의 종류는 다음과 같다.

1) 산화환원효소(Oxidoreductases)

산화환원효소는 기질을 산화 또는 환원시키는 반응을 촉진하며 기질로부터 수소 원자, 산소 원자 또는 전자를 다른 기질로 전이 한다.

- 포도당 산화효소(glucose oxidase): 포도당을 글루콘산으로 산화시 키는 효소
- 알코올 탈수소효소(ADH: alcohol dehydrogenase): 알코올(에탄올, C_2H_5OH)을 아세트알데히드(acetaldehyde, CH_3CHO)로 분해시키는 효소

산화환원효소는 산화 반응과 환원 반응을 기본으로 하여 특수한 물질들을 검출하는 바이오센서에 많이 이용된다.

2) 전이효소(Transferases)

한 기질에서 특정한 작용기를 다른 기질로 전이하는 반응을 촉진 한다. $AX + B = BX + A$

- 아미노기 전이효소(transaminase): 아미노산의 아미노기($-NH_2$)를 전이시키는 효소
- 메틸기 전이효소(transmethylase): 메틸기를 전이시키는 효소

전이효소는 식품 산업에서 다양한 올리고당을 제조하는 데 많이 이용된다.

3) 가수분해효소(Hydrolases)

가수분해반응을 촉진한다. $AX + H_2O = XOH + HA$

- 탄수화물 분해효소(carbohydrase): 다당류를 단당류나 이당류로 가 수분해하는 효소

- 단백질 분해효소(protease) : 단백질을 펩티드와 아미노산으로 가수
  분해하는 효소

가수분해효소는 아밀라아제, 셀룰라아제, 프로테아제, 리파아
제 등 산업적으로 가장 많이 이용되는 효소이다.

4) 분해효소(Lyases)

기질을 분해하는 효소들로 주로 제거 반응에 의해 이중 결합을
형성한다. 가수분해효소 이외의 효소들이다.

- 글루타메이트 디카르복실라아제(glutamate decarboxylase) : 글루탐
  산(glutamic acid)을 감마 아미노 뷰티르산(GABA)과 이산화탄소로
  분해하는 효소
- 피루베이트 디카르복실라아제(pyruvate decarboxylase) : 피루브산
  (pyruvic acid)을 아세트알데히드와 이산화탄소로 분해하는 효소

갈조류 세포벽의 주성분인 다당류의 알긴산을 분해할 수 있는 효
소로 이용할 수 있다.

5) 이성질화효소(Isomerases)

한 이성질체를 다른 이성질체로 바꾼다. 즉 분자량이 같은 기질
의 구조만을 바꾼다.

- 글루코스 이소머라아제(glucose isomerase) : 포도당을 과당으로 전
  환시키는 효소
- 아라비노스 이소머라아제(arabinose isomerase) : 아라비노스를 리불
  로스로 전환시키는 효소

고정화 효소를 이용하여 충진탑 생물반응기에서 포도당을 단맛
이 더 강한 과당으로 전환시킬 수 있다.

6) 합성효소(Ligases)

2개의 큰 기질들에 ATP와 함께 작용하여 새로운 화학결합을 형
성시키는 효소들이다. $X + Y + ATP = XY + ADP + Pi$

• DNA 합성효소(DNA ligase) : 포스포디에스터 결합을 형성시킴으로
써 DNA 가닥을 만드는 효소

다양한 생물체에서 합성효소에 의해 DNA 가닥을 만들 수 있다.

다음으로는 효소에 영향을 줄 수 있는 외부 요인들에 대해 살펴보기로
하자.

효소에 영향을 줄 수 있는 대표적인 요소들은 pH, 온도, 염의 농도 등
이다. 이들은 효소의 활성에 많은 영향을 미치며, 따라서 모든 효소반응
에서 최적 pH와 최적 온도를 찾는 것은 매우 중요하다. 효소의 종류에 따
라 그 효소의 가장 안정한 온도와 pH가 있고 이러한 안정한 상태에서 반
응을 적절하게 수행할 수 있다. 일정한 온도 범위에서 온도를 증가시키면
최적 온도까지 반응 속도가 증가하나, 최적 온도에서 벗어나면 반응 속도
가 감소한다. 또한 효소의 종류에 따라 최적 pH가 다르므로 온도의 영향
과 마찬가지로 반응 속도가 달라진다. 효소에 적합한 온도와 pH를 맞추
어 주지 않으면 효소의 구조에 영향을 미치어 제 기능을 하지 못한다. 특
히 pH 변화는 효소의 구조 중 수소 결합과 염에 의한 결합에 많은 영향을
미친다. 강산과 강염기에 노출되면 구조가 파괴되는 효소도 있고, 적합
한 온도와 pH를 맞추어 주면 다시 제 기능을 하는 효소도 있다. pH는 완
충 용액으로 맞추어 주는 것이 효소의 안정성 유지에 도움이 된다. 일반
적으로 효소는 완충 용액의 종류와 농도에 따라서도 활성의 정도가 달라
질 수 있다. 염 또는 유기성 용매의 농도가 너무 높아지면 반응을 저해하
므로 항상 적절한 농도로 유지되어야 한다.

이 밖에도 기질의 농도, 효소의 농도, 저해제의 유무, 생산된 생산물의
농도 등에 의해서도 영향을 받는다. 초기에 기질의 농도가 증가하면 반
응 속도가 증가하나 포화 상태가 되면 반응 속도가 더 이상 증가하지 않는
다. 기질의 농도가 너무 높으면 기질이 효소반응을 저해하여 반응이 제대
로 일어나지 않는 경우도 많다. 이를 기질의 저해라 하며 적절한 기질의

66

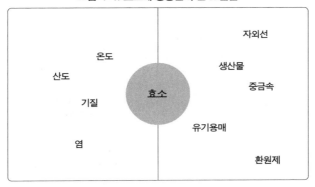

그림 4-4. 효소에 영향을 주는 요인들

농도를 맞추어 주는 것이 매우 중요하다. 또한 반응 용액 속에 저해제가 존재하여 반응을 저해하는 경우도 있다. 만약 저해제의 구조가 기질과 비슷하면 효소의 활성 부위를 놓고 서로 경쟁하게 되어 반응이 잘 일어나지 않을 수 있고, 어떤 저해제는 효소의 활성 부위 이외의 다른 부분에 결합하여 활성 부위의 구조를 변화시켜 반응을 저해하기도 한다. 이러한 저해제들은 신약 개발의 훌륭한 후보자로 알려져 있어 약을 설계하는 데 기본이 되기도 한다. 예를 들면 페니실린의 경우 세포벽 합성효소에 작용하여 세포벽을 합성하지 못하게 한다. 생산물의 농도도 매우 중요하다. 반응 용액 속에 생산물의 농도가 어느 이상 높아지면 반응을 저해하기도 한다. 이를 생산물의 저해라고 한다(그림 4-4).

　그러면 현재 많은 산업 분야에서 화학반응이 점차로 효소반응으로 대체되고 있는 이유를 알아보자. 대부분의 화학반응들은 높은 온도와 압력하에서 수행되고 공정이 복잡하며 유기용매와 촉매가 첨가된다. 원하는 생산물 이외에 여러 가지 부산물들이 생산되므로 환경적인 면을 고려할 때 단점이 많다. 그러나 효소반응은 화학반응에 비해 상온, 상압에서 주로 이루어지며 공정이 단순하며 대부분 한 효소가 한 기질에만 작용하는 기질 특이성을 갖고 있기 때문에 생산물에도 부산물이 거의 포함되어 있지 않다. 또한 유기용매를 사용하지 않는 경우가 대부분이고 주로 수용

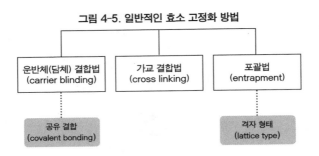

그림 4-5. 일반적인 효소 고정화 방법

성 용매에서 반응이 이루어지므로 환경적인 면에서도 만족스럽다 할 수 있겠다. 화학반응과 비교하면 효소반응에 여러 장점이 있지만 효소의 높은 생산 단가와 안정성은 여전히 부담으로 작용한다. 효소의 안정성이 낮으면 효소의 비용 때문에 화학반응에 비해 생산 비용이 비싸진다. 따라서 현재 효소의 안정성을 높이는 연구가 활발하게 이루어지고 있으며 안정화된 효소를 수십 번, 수백 번을 연속해서 사용할 수 있는 고정화 기술도 매우 중요하다(그림 4-5).

점차로 환경 문제가 중요해지면서 많은 화학합성 공정이 효소반응 공정으로 대체되어 가고 있다. 여기에서 공정이란 "process"로서 기질로부터 생산물이 만들어지기까지 일련의 과정을 말한다. 예를 들어 페니실린으로부터 만들어지는 6-아미노페니실린산(6-APA: 6-Aminopenicillic acid)을 살펴보기로 하자. 현재 원래의 페니실린 자체는 이에 내성을 갖고 있는 병원균이 많이 생겼기 때문에 사용할 수 없다. 병원균에 대항하여 사용할 수 있는 가치는 잃었으나, 이 페니실린을 원료로 하여 일부 구조가 바뀐 페니실린계 물질들이 등장했다. 이렇게 일부 구조가 변형된 페니실린을 생산할 수 있는 중요한 중간체 물질이 6-아미노페니실린산이다. 6-APA는 이전에는 복잡한 화학 공정을 거쳐 합성되었으나 현재에는 페니실린 아실라아제(Penicillin acylase)라는 효소를 고정화하여 페니실린의 전환 공정에 의해 생산하고 있다. 따라서 페니실린 역시 기초 원료로서 미생물 배양에 의해 계속 생산되고 있는 것이다(그림 4-6).

그림 4-6. 페니실린과 6-아미노페니실린산의 구조

Penicillin

6-APA

앞에서 효소와 기질과의 반응을 언급하였지만, 어떤 용기(효소 생물반응기)에 효소와 기질이 용해되어 있다고 가정하자. 물론 효소반응이 잘 일어나도록 온도, pH, 기질과 효소의 농도를 잘 맞추어 주고 효소와 기질이 혼합된 용액을 일정한 속도로 혼합한다. 효소와 기질은 반응한 후 일부 기질은 생산물로 전환되고 효소는 다시 미반응된 기질과 계속 반응하여 생산물을 만든다. 그러나 기질의 대부분이 반응하여 생산물로 전환된 후 생물반응기 속에는 효소와 생산물, 그리고 일부 반응하지 않은 기질이 용해되어 있으므로, 효소를 분리하여 다시 기질들과 처음부터 반응시키기 어려운 점이 있다. 이렇게 되면 효소를 한 번 반응시키고 버리게 되므로 비싼 반응이 되고 만다. 왜냐하면 용액 속에 용해되어 있는 효소를 분리하는 비용도 비싸기 때문이다. 따라서 효소의 기능을 잃어버리지 않는 한 가능하면 여러 번 재사용할 수 있다면 그만큼 경제적인 것이다. 이러한 재사용을 위한 방법으로 고정화(immobilization) 기술이 개발되었다(그림 4-7).

고정화 기술이란 일정한 크기의 고체 또는 반고체 물질(담체, carrier)에 효소를 흡착시키거나 결합시켜

그림 4-7. 연속 생물 전환을 위한 효소 생물반응기

그림 4-8. 효소의 산업적 응용

산업용 효소	진단용 효소	치료용 효소
식품, 세제, 섬유, 화학 산업 관련 효소	대부분의 산화효소, 환원효소	소화제, 혈전 분해, 소염, 항종양 효소

서 고정화 효소를 만드는 것이다. 생물반응기 안에서 기질이 생산물로 전환된 후 효소는 용해되지 않는 고체 또는 반고체 물질에 붙어 있기 때문에 생산물과 쉽게 분리되고, 다시 사용할 수 있다. 산업적인 효소 공정에서 고정화 효소는 효소의 안정성에 따라 다르긴 하지만 수백 회를 쓸 수도 있다. 앞서 언급하였지만 효소는 용도에 따라 산업용 효소와 치료용 효소로 나눌 수도 있는데, 치료용 효소는 진단용 효소와 의약용 효소로 분류된다. 산업용 효소 중에는 식품 및 의약 분야에서 고정화 효소를 이용하여, 앞에서 언급한 6-APA 관련 의약품 산업과 포도당을 과당으로 전환시키는 식품 산업 등에서 다양하게 활용되고 있다. 포도당을 과당으로 전환하는 데 관련된 효소는 포도당 이성질화 효소이다. 진단용 효소의 응용에도 기본적으로 고정화 기술을 이용한다. 예를 들면 혈당을 측정하는 키트 일부분에 산화효소 또는 환원효소가 고정화되어 있다. 현재 많은 진단용 키트가 나와 있지만 대부분의 원리는 얇은 막 위에 효소들을 고정화하여 사용한다. 의약용 효소는 주사용이나 경구용으로 이용되지만 경구용은 치료 효소가 치료 부위까지 파괴되지 않고 전달이 되어야 하기 때문에 역시 고정화 기술에 기초를 둔 약물 전달 시스템(drug delivery system)들이 개발되고 있다(그림 4-8).

제5장
다양한 생명공학 제품을 만드는 흥미로운 과정

이 장에서는 생물체 또는 생물체에서 생산된 효소의 응용을 위한 기초와 공정 및 응용 분야를 포괄적으로 설명한다. 생명공학이란 개념은 미생물, 동식물 세포 및 효소를 이용하여 많은 분야에서 대학, 연구소, 산업체 상호 간의 협동 연구를 통해서 다양한 생명공학 제품을 만들어 내는 과정에 기초를 둔다. 이 과정에 관련된 연구 분야는 수없이 많은데, 기본적으로 기초과학인 생물학, 미생물학, 생화학, 분자생물학, 분자유전학 등에 기초를 둔 상류 기술(upstream technology)과 화학공학에 기초를 둔 하류 기술(downstream technology)이 상호 간에 잘 조화되어야만 성공적인 제품을 만들어 낼 수 있다. 상류 기술은 주로 생물체나 그 구성 성분의 기능과 정보를 밝혀내고, 이를 바탕으로 한 균주 개발에 대한 기술을 말한다. 하류 기술은 생산물의 대량생산과 생물 분리를 포함하는 생물 공정(bioprocess)에 중점을 두고 있다. 어떤 연구자들은 이를 좀더 세분화해서 상류 기술, 중류 기술(midstream technology), 하류 기술로 분류하기도 한다. 여기에서 중류 기술은 원료 물질에서 생산물을 대량생산하는 기술, 하류 기술은 생물 분리 공정 기술을 의미한다. 각 단계의 기술들은 강물이 상류에서 하류로 흐르듯이 연속적인 공정으로 모두 중요하며, 이 중 한 단계라도 문제가 생기면 생산물을 생산하는 데 차질이 생긴다. 궁극적으로 생물 공정은 균주 개발, 균주의 대량 배양, 생산물의 분리로 크게 나눌 수 있으며 이

그림 5-1. 전형적인 생물 공정의 체계도

```
┌─────────────────┐
│  균주 선별 및 개발  │
└─────────────────┘
         │
         ▼
┌─────────────────┐
│  배지의 준비 및 멸균 │
└─────────────────┘
         │
         ▼
┌─────────────────┐
│   생물반응기에서     │
│  대사물의 대량생산   │
└─────────────────┘
         │
         ▼
┌─────────────────┐
│  대사물의 분리·정제  │
│     및 제제화      │
└─────────────────┘
```

분야들에 대해 많은 연구가 수행되고 있다.

생명공학 제품을 생산하기 위한 생물 공정의 체계적인 흐름도를 〈그림 5-1〉에서 보여 준다. 특히 생물화학공학 분야는 생물 공정을 개발하고 대규모화(scale-up)하여 유용 물질을 대량생산하는 데 중요한 목적이 있다. 그뿐만 아니라 재조합 단백질과 같은 새로운 고부가가치 물질들이 개발됨에 따라 소규모의 공정으로 운용되는 경우도 있기 때문에 다양한 생물 공정을 개발하기 위해 많은 노력을 기울이고 있다. 따라서 생물 공정들을 정성적 또는 정량적으로 분석하여 각 공정에 알맞는 시스템을 개발하여야 한다.

상류 기술인 균주 개발은 일반적으로 생산물의 수율이나 생산성을 향상시켜 산업적으로 경제성을 갖게 하기 위해 균주의 활성을 높이는 것이 주요한 목적이다. 토양이나 특수한 환경에서 선별된 야생 균주(wild type)는 활성이 낮아 수율이나 생산성이 낮은 것이 보통이다. 따라서 균주의 활성을 높이는 작업이 필요한데 이러한 작업에는 다음과 같은 여러 가지 방법이 있다(그림 5-2).

- 배지 조성에 따른 균주 선별(strain selection)
- 자외선, 방사선 및 화학물질에 의한 돌연변이(mutation)
- 세포융합(cell fusion)
- 유전자 재조합(recombinant DNA techniques)

이러한 방법을 이용하면 우수한 활성을 갖는 균주를 개발할 수 있다.

일반적으로 적절한 환경에서 분리한 야생 균주(wild type strain)로부터 우수한 산업 균주를 개발하기 위해서는 많은 인력과 끊임없는 균주 선별

등 상당히 많은 노력이 필
요하다. 실험실에서 가장
간단히 수행할 수 있는 방
법으로는 배지 조성과 농도
를 지속적으로 변화시키면
서 성장 속도, 색소, 생산물
의 농도 등을 유심히 관찰
하면서 산업적으로 적합한

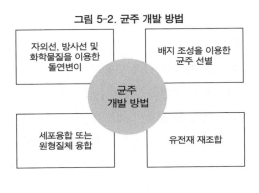

그림 5-2. 균주 개발 방법

자외선, 방사선 및 화학물질을 이용한 돌연변이

배지 조성을 이용한 균주 선별

균주 개발 방법

세포융합 또는 원형질체 융합

유전재 재조합

환경에 적응한 균주를 계속적으로 선별하는 것이다. 예를 들면 막걸리 제
조 회사에서 쌀 막걸리를 제조하는 데 아밀라아제라는 효소가 필요하다.
이 효소는 주로 전분질을 기질로 이용하는 곰팡이(사상균)가 쌀을 당으로
분해해서 대사물질이나 에너지로 이용하기 위해 아밀라아제를 분비한
다. 이 곰팡이의 아밀라아제 활성을 높이기 위해서 배양접시에 곰팡이가
겨우 생존할 수 있는 정도의 영양분을 공급하여 배양하면 아주 적은 수의
강력한 활성을 가진 콜로니를 선별할 수 있다. 다시 말하면 영양분이 풍
부한 좋은 환경에서 계속 성장한 배부른 곰팡이는 극한 환경에서 거의 성
장하지 못한다는 의미로 볼 수 있다. 반면에 극한 환경에서도 생존할 수
있는 곰팡이 중에서 활성이 매우 우수한 종을 선별할 수 있는 가능성이 높
은 것이다.

자외선, 방사선(x-ray, γ-ray, 양성자 빔, 이온 빔 등) 및 화학물질에 의한 돌
연변이는 전통적인 방법이긴 하지만 미생물과 식물의 돌연변이 육종을
통한 생명공학 제품의 산업적 생산을 위해 아직도 기업체에서 많이 이용
되고 있다. 제2장에서도 언급하였지만 가장 유명한 항생제인 페니실린
을 플레밍이 발견하였다는 사실은 누구나가 다 아는 사실이며 너무나도
우연히 발견되었다. 한천과 영양분이 포함된 배지에 성장한 포도상구균
이 오염된 곰팡이로써 생산된 물질에 의해 성장이 억제되는 것을 발견하
였다. 이 곰팡이는 푸른곰팡이속인 *Penicillium notatum*으로 판명되었으

며 바로 생산 물질이 페니실린인 것이다. 이 물질은 플레밍이 아니라 그의 동료들에 의해 실용화되었다. 발견도 중요하지만 그 발견을 사장시키지 않고 인류를 위해 실용화했다는 점도 매우 가치 있는 일이라 할 수 있겠다. 페니실린을 생산하는 곰팡이 세포의 초기 활성은 매우 낮았으나 활성이 더 높은 곰팡이 세포를 선별하고 돌연변이 방법을 이용함으로써 현재는 활성이 매우 높은 곰팡이를 이용하고 있다. 이 높은 활성과 더불어 페니실린의 생산성 향상에 기여한 또 한 가지 사실은 영양분의 성분에 페니실린의 생산을 높일 수 있는 페니실린의 중간체 구조를 가진 성분이 첨가되어 있다는 사실이다. 영양분의 성분 역시 매우 중요하다는 것이다. 그뿐만 아니라 최적의 배양 조건을 이용하고 배양 방법을 개발한 것도 생산성을 높인 커다란 이유들 중의 하나이다.

특히 미생물이나 동식물 세포는 세포융합과 유전자 재조합 방법을 이용하여 용도에 따라 훌륭한 세포를 개발할 수 있다. 세포융합의 경우 가장 간단한 예는 맥주 발효를 위한 효모 개발에 많이 이용되고 있으며, 원형질체 융합(protoplast fusion)이라고도 한다. 만약 첫 번째 효모가 향은 매우 좋은데 에탄올의 생산량이 조금 미흡하고, 두 번째 효모는 에탄올의 생산량이 우수하나 향이 별로 좋지 않다고 하자. 기업체 연구실에서는 향도 좋고 에탄올 생산량도 좋은 효모를 개발하려고 한다. 이런 경우 원형질체 융합 기술을 이용할 수 있다. 우선 두 효모의 세포벽을 효소에 의해 제거하고 폴리에틸렌글리콜(PEG: polyethyleneglycol)을 이용하여 두 원형질체를 융합시킨 후 세포벽을 재생시킬 수 있다. 최종적으로 두 가지 요소를 모두 가진 효모를 선별하면 되는 것이다. 이론은 간단하나 이러한 개발에도 시간과 노력이 많이 투입되어야 한다. 같은 방식으로 식물세포들을 융합하여 하이브리드 식물세포를 개발하는 연구도 많이 이루어지고 있으며, 동물세포의 경우 정상 세포와 암세포를 융합하여 단일 클론 항체(monoclonal antibody)와 같은 고부가가치 물질을 생산하는 것이 좋은 예이다. 1975년 영국 국립의학연구원의 독일 생물학자 게오르게스 쾰러(Georges Köhler, 1946-1995)와 아르헨티나 생화학자 세사르 밀스테인(César Milstein, 1927-2002)은 B세포와 악성 종양 세포를 PEG로 융합시킨 하이브리도마 세포(hybridoma cell)로부터 단일 클론 항체를 생산하는 기술을 개발하여 1984년 노벨 생리의학상을 수상하였다. 단일 클론 항체는 다클론 항체(polyclonal antibody)와 달리 한 종류의 항체를 말한다.

유전자 재조합의 경우 미생물 세포의 유전자를 다른 속이나 종의 미생물의 유전자에 도입하거나, 동물세포 및 식물세포의 유전자를 미생물 세포의 유전자에 도입하거나, 동식물 세포의 유전자를 동식물 세포의 유전자에 도입하여 유용한 물질을 생산하는 데 응용되고 있다. 1973년 미국의 유전학자 스탠리 코헨(Stanley Cohen, 1935-)과 미국 기업 제넨텍(Genentec)사 공동 설립자 허버트 보이어(Herbert Boyer, 1936-)가 DNA를 마치 가위로 자르고 풀로 붙이듯이, 제한효소와 리가아제 효소를 이용해서 세균에서 외래 DNA를 삽입하여 새로운 DNA를 복제하는 유전자 재조합 기술을 개발하였다. 미생물 세포에는 원래의 유전자 외에 플라스미드(plasmid)라는 별도의 원형으로 된 유전자가 있어 이러한 기술이 가능하다. 스탠리 코헨은 허버트 보이어와 함께 유전자 재조합 기술을 개발한 업적으로 현대 유전공학의 창시자로 불려오고 있다. 현재 이 기술은 바이오산업 분야에서 핵심 기술이다. 허버트 보이어는 1978년 재조합 세균을 이용하여 합성 인슐린을, 1979년에는 성장호르몬을 생산하였다.

가장 많이 이용되는 미생물 세포로는 대장균(E. coli), 고초균(B. subtilis), 효모(yeast) 등이 있다. 이러한 균주의 플라스미드에 다른 속이나 종의 미생물 유전자 또는 동식물 세포의 유전자를 도입하여 제대로 발현해 원하는 생산물을 경제적으로 생산할 수 있으면 이상적이다. 그러나 도입된 유전자의 발현이 제대로 이루어지지 않을 경우 다른 방법들을 이용하거나 동식물 세포 배양에 의해 생산해야 한다. 이와 같이 외래 유전자(foreign gene)를 플라스미드에 도입할 때 유전자를 자르는 가위 역할을 하는 것이 제한효소(restriction enzyme)이고, 도입한 후 다시 조합할 때 풀 역할을

그림 5-3.
생산물 대량생산 방법

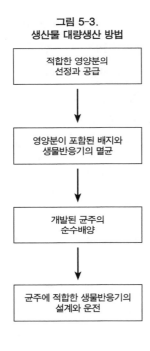

적합한 영양분의
선정과 공급

↓

영양분이 포함된 배지와
생물반응기의 멸균

↓

개발된 균주의
순수배양

↓

균주에 적합한 생물반응기의
설계와 운전

하는 것이 DNA 합성효소(ligase)이다. 외래 유전자가 도입된 플라스미드를 벡터(vector) 또는 비어클(vehicle)이라고 한다. 이 벡터를 적절한 미생물 세포에 형질 전환(transform-ation)하여 외래 유전자가 제대로 도입된 세포를 선별한다. 제2장에서도 간단히 언급했던 재조합 인슐린의 경우 사람의 인슐린 유전자를 대장균에 도입함으로써 산업적으로 대량생산에 성공해 1982년에 FDA의 승인을 받아 시판되기 시작했다.

중류 기술인 세포의 대량 배양은 유용한 물질을 대량생산하기 위한 필수적인 단계이다. 세포의 양이나 수가 고농도로 있어야만 원하는 물질을 대량으로 생산할 수 있기 때문이다. 이러한 대량 배양은 세포의 특성에 따라 다양한 생물반응기에서 수행되는데 일반적인 화학 공정에서 화학반응이 반응기에서 일어나듯이 생물반응이 세포에 의해 생물반응기에서 일어난다. 생물반응기에서 온도, pH 및 영양분의 조성 같은 내부 환경을 일정하게 유지시켜 주면 원하는 생물반응이 수행될 수 있다. 따라서 제3장에서 언급했듯이 균주 자체를 하나의 작은 공장이라고 생각하면 될 것이다. 그렇다면 보통 생물반응기 안에 작은 공장들을 수없이(1억 개 이상) 배양할 수 있으므로 유용 물질을 생산할 수 있는 조건들을 적절하게 제어한다면 원하는 물질을 대량으로 생산할 수 있을 것이다. 이 중류 기술에서 중요하게 고려해야 할 사항들은 다음과 같다(그림 5-3).

• 배지 중 탄소원이나 질소원이 포함된 원료 물질의 선정, 공급 및 전처리

- 오염 방지를 위한 모든 배지 및 생물반응기의 완벽한 멸균
- 생물반응기의 적합한 설계와 운전

일반적으로 세포를 대량 배양하기 위해 잘 성장할 수 있는 영양분이 필요하다. 세포 배양에서 세포와 영양분과의 관계, 세포의 성장 속도 등의 개념을 잘 설명한 연구자가 프랑스 생물학자 자크 모노(Jacques Monod, 1910-1976)이다. 모노는 1965년 효소와 바이러스의 합성에 대한 유전적 제어를 발견한 공로로 노벨 생리의학상을 수상했다. 세포 배양에 관련해 2종류의 당을 포함하는 배양 배지에서 세균의 성장에 관한 연구를 박사 학위 논문에 실었고, 세포의 성장 속도에 관한 수학적 모델식인 모노식으로 유명하다.

실험실 배양에서는 세포의 특성을 이해하기 위해 배지 제조업체에서 공급하는 비교적 순수한 비싼 영양분을 이용하지만 궁극적으로는 경제적인 면을 고려하여 적절한 산업 배지를 이용해야 한다. 산업 배지 중에 탄소원이나 질소원은 매우 중요한 영양분으로 배양 중에 나타날 수 있는 산소 전달, 배양액의 점도, 거품, pH 변화 등의 문제점이 생길 수 있는 요인을 최소화하여 선정해야 한다. 이러한 산업 배지를 이용할 때 생산물의 수율과 생산성이 가장 중요하지만, 하류 공정에서 문제가 발생하지 않도록 부산물도 적게 생산하는 것이 중요하다. 더구나 부산물의 화학구조가 생산물의 화학구조와 비슷하다면 분리하는 것이 매우 힘들 수도 있다. 그만큼 생산 비용이 많이 들기 때문에 경제적인 면에서 실패할 수도 있는 것이다. 또한 산업 배지가 모든 면을 충족시켰을지라도 공급에 차질이 생긴다면 모든 공정이 멈출 수밖에 없다. 최근에는 많은 바이오 기업들이 해외에서 바이오매스를 값싼 비용으로 경작한 후 전처리하여 국내로 수송해 오는 경우가 많다. 위에서 언급한 이러한 면들을 면밀히 검토하여 원료 물질을 선정해야 한다.

대량 배양에서 오염 방지는 매우 중요하다. 큰 규모에서 대량 배양 중

다른 미생물에 의해 오염이 된다면, 특히 값비싼 재조합 단백질 생산 중 오염되면 상당한 노력과 비용이 물거품이 되고 만다. 멸균(sterilization)의 기본 개념은 프랑스 화학자이자 미생물학자인 루이 파스퇴르(Louis Pasteur, 1822-1895)가 세계 최초로 저온 살균법(pasteurization)을 개발하면서 생겨났다. 파스퇴르는 백신, 미생물 발효 및 저온 살균법에 대한 기본 개념을 발견한 것으로 유명하다. 파스퇴르는 1887년에 설립된 파스퇴르연구소에서 사망할 때까지 책임자로 일했다.

우유를 65℃로 30분 정도 가열하면 동물에서 옮겨올 수 있는 병원균을 사멸시킬 수 있다. 이러한 온도와 시간과의 관계를 이용하여 온도를 점차로 증가시키면 시간이 단축될 수 있는 원리를 이용하고 있다. 특히 세포를 배양할 때 실험실 규모에서는, 부피에 따라 운용 시간이 다르긴 하지만, 일반적으로 121℃에서 15분간 유지시키면 모든 배지와 삼각 플라스크를 멸균시킬 수 있다. 다만 액체배양에서는 별 문제가 없지만 용기 속에 불용성의 고체가 포함되어 있는 고체배양의 경우에는 오염되는 경우가 많은데 멸균 조건을 조정하여 열 전달이 원활하게 될 수 있도록 해야 한다. 실증 규모나 산업적 규모에서는 생물반응기의 부피가 매우 커져서 보통 높은 압력하에 뜨거운 증기로 멸균을 한다.

반응기란 화학반응을 수행할 수 있는 용기를 말한다. 따라서 살아 있는 세포 또는 세포가 분비한 효소에 의해 반응을 수행할 수 있는 용기를 생물반응기 또는 효소 생물반응기라고 한다. 예로부터 인류가 치즈, 요구르트, 술 등을 제조하면서 다양한 용기들이 사용되었을 것으로 추측된다. 이 용기들을 생물반응기로 볼 수 있다. 또한 자연적으로는 숲 속의 굵은 나무 중간에 생긴 홈에 식용 열매들이 쌓이고 빗물이 고이면서 적절한 온도와 습도가 유지되면 열매 껍질에 붙어 있던 효모들에 의해 발효가 일어나 에탄올이 생산될 수 있다. 이 나무의 홈도 자연적인 생물반응기라 할 수 있겠다.

생물반응기의 본격적인 사용은 제1차 및 제2차 세계대전과 같은 전쟁과 밀접하게 연관되어 있다. 제1차 세계대전 때 영국의 군수 산업에서 폭약을 만드는 데 중요한 화학물질인 아세톤의 생산이 필수적이었다. 영국의 화학자 하임 바이츠만(Chaim Weizmann, 1874-1952)이 옥수수를 배지로 이용하여 클로스트리튬 아세토뷰티리쿰(Clostridium acetobutylicum)에 의한 ABE(Acetone-Butanol-Ethanol, 3:6:1) 발효를 성공적으로 개발하여 아세톤을 대량으로 생산하게 된 것이 그 당시에 산업적으로 개발된 생물반응기의 응용이라 하겠다. 바이츠만은 유대계 영국인으로 1948년 이스라엘 초대 대통령으로 선출되었으며, 아세톤을 제조한 대통령으로 유명하다.

생물 산업의 초기 도약 시기에 대표적인 생물반응기의 이용은 제2차 세계대전 때에 항생물질인 페니실린을 대량으로 생산하여 많은 인명을 구한 것이다. 파이저(Pfizer)에서 근무하던 미국의 생화학자 재스퍼 케인(Jasper Kane, 1903-2004)이 생물반응기 개발을 바탕으로 심수조 발효(deep-tank fermentation)를 수행해 페니실린을 실험실 규모로부터 산업적 규모로 성공적으로 생산하였다. 질병을 극복하기 위해 새로운 치료제를 개발하는 것 못지않게 개발된 치료제를 생물반응기에서 적절하게 대량생산하여 많은 인명을 구하는 것도 매우 중요한 일이다.

앞에서 언급한 바와 같이 생물반응기는 오염 방지를 위해 기본적으로 증기로 멸균할 수 있도록 설계된다. 또한 세포의 특성이나 공정 시스템에 따라 적합한 생물반응기를 설계해야 한다. 모든 생명공학 제품의 대량생산은 생물반응기의 개발 없이는 어려운 일이고 현재도 다양한 생물반응기가 개발되고 있다. 생물반응기에 대한 종류와 기본 원리는 다음 장에서 자세하게 알아보기로 한다.

하류 기술인 생산물의 분리는 상류 기술이나 중류 기술보다 훨씬 비용이 많이 드는 기술이다. 그만큼 생산물의 분리와 정제를 위해 많은 단계가 필요하기 때문이다. 세포에 의해 생산된 생산물은 일반적으로 생물반응기 내의 수용액에 낮은 농도로 존재하고 다양한 성분들이 생산되기 때문에 원하는 물질만을 분리하는 일이 쉽지 않다. 따라서 다양한 분리 방법을 이용하는데, 우선 값이 저렴한 방법을 이용해야 한다. 특히 생물 분리 공정은 공정 단계가 많아져 생산물이 쉽게 손상될 수 있기 때문에 단계 수를 최소화하는 것도 매우 중요하다. 분리의 초기 단계는 여과, 원심분리 및 추출 등이 빈번하게 이용되지만, 순수 분리를 위한 말기 단계에는 주로 다양한 크로마토그래피 방법이 많이 쓰이고 있다. 생물 분리 공정에는 기본적으로 아래와 같은 방법들이 일반적으로 이용되고 있는데, 각각에 대한 설명은 제8장에서 하기로 한다(그림 5-4).

- 여과, 원심분리
- 흡착, 추출,
- 막 분리, 증발, 증류, 침전
- 크로마토그래피

생물반응기에서 원하는 생산물이 생산되고 적절한 방법에 의해 분리되었을 때 분리된 생산물을 최종 제품으로 만드는 과정을 제제화라 부른다. 제제화를 통해 생산물이 장기간 안정화될 수 있어야 하며, 제제화된 생산물은 액체 및 고체 상태로 국내외 시장에 판매된다. 지금까지 간략하게 상류 기술, 중류 기술, 하류 기술에 대해 설명하였다.

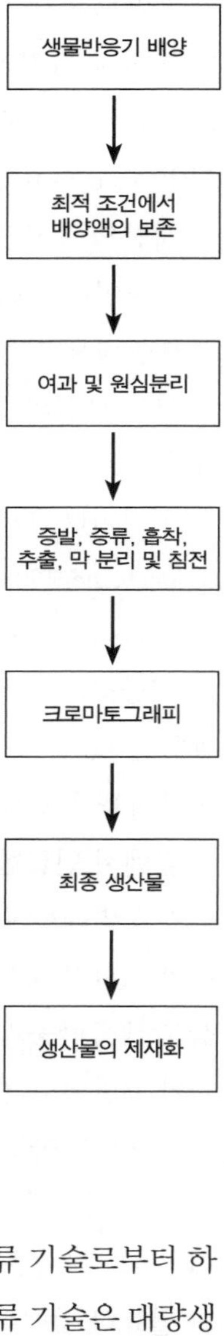

이렇게 최종 생산물을 경제적으로 생산하기 위해 상류 기술로부터 하류 기술까지 적합한 기술을 개발했을 때 중류 기술과 하류 기술은 대량생산을 위해 대규모화가 이루어져야 한다. 대규모화(Scale-up)는 생명공학 제품의 대량생산을 위해 필수적인 과정으로서, 실험실에서 배양 조건 및

그림 5-4. 전형적인 생물 분리 방법

생물반응기 배양

↓

최적 조건에서 배양액의 보존

↓

여과 및 원심분리

↓

증발, 증류, 흡착, 추출, 막 분리 및 침전

↓

크로마토그래피

↓

최종 생산물

↓

생산물의 제재화

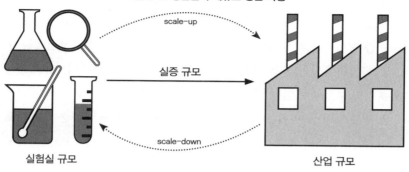

그림 5-5. 생산물의 대규모 생산 과정

scale-up

실증 규모

scale-down

실험실 규모   산업 규모

생물 분리 방법을 최적화했다고 해서 직접적으로 산업 규모에 이용할 수 있는 것이 아니다. 실험실 규모(Lab. scale)와 산업 규모(Industrial scale)의 중간 규모인 실증 단계(Intermediate 또는 Pilot scale)를 거쳐 모든 생산 및 분리 조건들이 성공적일 때 산업적 규모로 운전할 수 있다. 만약 배양 조건이나 분리 방법 등에 문제점들이 생긴다면 실증 단계에서 실험실 단계로, 또는 산업 규모에서 실증 규모로 돌아가서 문제점들을 확인하고 해결해야 한다. 이러한 과정을 소규모화(Scale-down)라고 한다(그림 5-5).

그러면 전체적인 생물 공정의 흐름의 이해를 돕기 위해 생명공학 제품의 한 가지 예를 들어 설명해 보자. 여러분이 슈퍼마켓에 가면 빵 발효 효모(Baker's yeast)와 알코올 발효 효모(Brewer's yeast)를 구입할 수 있는데, 빵 발효 효모를 제조하는 과정을 살펴보기 전에 효모의 역사와 특성을 간단하게 살펴본다.

빵의 어원은 포르투갈어 단어 팡(pão)으로부터 나왔는데 일본에서 빵으로 발음이 변해 우리나라로 전해졌다고 한다. 효모를 이용한 빵의 발효는 고대 이집트에서 시작되었다는 것이 정설로 여겨진다. 이때부터 효모는 인류와 매우 가깝게 지내게 된다. 이 발효 효모의 모양은 구형이나 타원형이며 크기는 평균적으로 5–10μm 정도이다. 속명과 종명은 사카로마이세스 세레비시애(*Saccharomyces cerevisiae*, 일명 제빵 효모)로 초기에는 야생 효모를 이용해서 발효를 했을 것이다. 곰팡이(fungus)에 속하는 세포들로 효모 이외에 실처럼 퍼져서 성장하는 사상균(mold)과 자실체(fruiting body)를 형성하는 버섯(mushroom)이 있다. 효모가 증식하는 방법에는 무성생식과 유성생식의 두 가지가 있는데, 무성생식에는 출아법(budding)과 분열법(fission)이 있다. 출아법은 가장 일반적인 방법으로 세포 표면에 작은 싹 모양의 돌기(daughter cell)가 생겨나 점점 커지면서 나중에 모세포(mother cell)로부터 분리된다. 현미경으로 효모 표면을 살펴보면 분화구처럼 상처(scar)가 난 곳이 보이는데, 바로 이곳이 딸세포가 떨어져 나온 부분이다. 일부 다른 종들의 효모들은 무성생식으로 세균과 같이 분열법을 이용하여 증식하는 경우도 있다. 또한 유성생식은 염색체 1세트를 갖고 있는 2개의 반수체 세포(haploid cell)가 융합하여 2세트의 염색체를 갖고 있는 배수체 세포(diploid cell)를 형성한다. 이 배수체 세포의 핵이 분열하여 자낭포자(ascospore)를 형성하고 궁극적으로 성장하면서 발아하여 반수체 세포의 효모로 성장한다. 이 유성생식은 발효능이나 저장성을 향상시키기 위한 수단으로 이용되기도 한다.

앞에서 배운 생물 공정 기본을 바탕으로 하여 생각해 보면 빵 발효 효모를 생산하기 위해서는 상류 기술, 중류 기술, 하류 기술이 필요하다(그림 5-6). 상류 기술은 균주 개발로 빵의 발효능이나 효모의 저장성을 향상시키기 위해 서로 다른 특성을 가진 효모들을 유성생식시키거나 인위적으로 세포융합을 시켜 장점만을 가진 효모를 선별하는 과정이다. 일단 우수한 효모를 선정한 후에는 순수배양하여 적당량의 효모를 얻은 후 수천 또는 수만 개의 씨앗 세포를 만들어 동결 건조하여 초저온 냉동고에 보관하거나, 씨앗 세포들을 글리세롤과 섞어서 일정 기간 냉동 보관할 수 있다. 이렇게 균주를 보존해 놓아야 실험실의 배양접시 및 생물반응기 배양과정에서 오염이 생기더라도 보관해 놓은 균주를 언제나 이용할 수 있다.

중류 기술에서는 우선 값싼 원료 물질을 선정해야 하는데 탄소원으로서 가장 잘 알려진 값싼 물질로는 당밀(molasses)이 있다. 당밀은 사탕수수

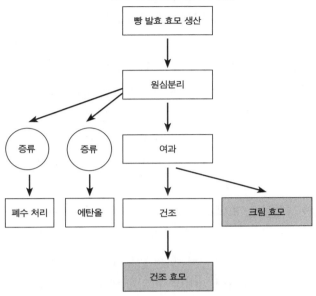

그림 5-6. 빵 발효 효모의 생산

(sugarcane)나 사탕무(sugarbeet)로부터 설탕(sucrose)을 추출하고 남은 물질들을 농축시키면 얻을 수 있는데, 진한 갈색의 탁하고 점도가 높은 물질로 설탕이 약 50−60% 포함되어 있다. 이 물질을 희석시켜 효모 배양을 위한 탄소원으로 이용할 수 있다. 만약 고농도의 값싼 질소원이 필요하다면 가장 잘 알려진 물질로 옥수수 침지액(corn steep liquor)이 있는데, 이 물질은 옥수수로부터 전분질을 추출하고 남은 물질들을 농축시키면 얻을 수 있다. 옥수수 침지액에는 다양한 아미노산을 포함한 고농도의 질소원이 포함되어 있고 이를 적절하게 희석하여 질소원으로 이용할 수 있다. 이 물질들을 멸균하고, 만약 불순물 농도가 높을 경우 원심분리기로 제거할 수 있다.

그리고 효모 배양을 위해 적절한 생물반응기를 선정하고 멸균한 후, 멸균된 영양분을 생물반응기에 넣어 주고 최적 온도와 pH를 맞춘 후 씨앗 세포를 접종한다. 일정 시간 배양하면 필요한 농도의 효모가 성장한다. 이 효모 자체가 생산물인 것이다.

하류 기술에서는 생물반응기에서 생산된 효모를 회수하기 위해, 일반적으로 여과나 원심분리를 이용한다. 우선 원심분리기로 효모를 분리하여 일정한 온도를 유지하고 있는 저장 탱크에 저장한 후, 진공 회전 드럼 여과기(rotary drum filter)를 이용하여 고체의 효모(yeast cake)를 회수한다. 회수된 효모는 두 가지 형태의 제품으로 만들어진다. 하나는 젖은 상태의 효모(생효모)를 포장하여 국내 시장에 판매하고, 또 하나는 효모를 건조기(dryer)로 건조하여 건조 효모 상태로 판매한다. 건조 효모는 유통기간이 길어 국외 시장으로도 판매될 수 있다.

기본적인 생산물은 빵 발효 효모이지만 생물반응기에서 배양 중 부산물로 에탄올도 생산된다. 에탄올은 효모를 원심분리와 여과를 통해 회수한 후 남은 액체에 포함되어 있다. 따라서 증류(distillation)와 농축을 통하여 무수 에탄올을 제조하여 판매할 수 있다. 여액은 증발(evaporation)을 통해 폐수 처리한다. 이와 같이 상류, 중류, 하류 기술이 연속적으로 수행됨으로써 생산물인 효모 자체를 제조하여 판매할 수 있는 것이다.

여기에서는 상대적으로 제조하기 쉬운, 세포 자체가 생산물인 제품을 예를 들어 설명하였으나, 그 밖에도 생산물이 액체 속에 포함되어 있을 경우와 세포 속에 축적되어 있는 경우 등 제품을 회수하기 위해 상당히 복잡한 공정을 거쳐야 한다. 또한 생산물의 용도에 따라 정제하는 정도가 달라지는데, 바이오 의약품 등 사람에게 투여하는 생산물은 불순물이 존재하면 독성 반응을 일으킬 수 있기 때문에 특히 주의해야 한다.

효소의 예를 들면 산업 효소는 효소에 따라 정제도가 다르긴 하지만 부분적으로 정제를 하는 것이 대부분이고, 진단 효소는 약 95−98%까지 정제해야 다른 물질을 검출하여 진단이 가능하다. 치료 효소는 의약품이기 때문에 거의 100%까지 정제되어야 치료용 의약품으로 사용할 수 있다.

모든 생명공학 제품은 상류, 중류, 하류 기술에 바탕을 두고 최적화된 복잡한 과정을 거쳐 만들어진다. 잘 알려진 제품들을 열거해 보면 구연

그림 5-7. 다양한 생명공학 제품

세포	세포 외 분비 제품	세포 내 축적 제품
빵 발효 효모, 에탄올 발효 효모 등	항생 물질, 아미노산, 유기산, 효소, 알코올류 등	재조합 단백질 등

산(citric acid)과 같은 유기산, 아미노산(amino acid), 페니실린과 같은 항생 물질(antibiotics), 아밀라아제(amylase), 프로테아제(protease), 셀룰라아제(cellulase)와 같은 산업 효소, 포도당 산화효소(glucose oxidase)와 같은 진단 효소, 항체, 인슐린, 혈전 용해제, 혈액 응고제 및 치료 효소 등의 바이오 의약품이 대표적인 제품들이다(그림 5-7).

신문에 주로 많이 인용되고 있는 제너릭스(generics)와 바이오시밀러(biosimilar)도 이러한 생물 공정에 기반을 두고 생산되고 있다. 제너릭스는 소위 복제약(copy drug)으로, 처음에 특정 회사에서 신약으로 개발되어 약 20년간 독점적으로 생산되다가 타 회사에서 특허가 만료되기 전에 생산 기술을 개발하여 특허 기간 만료 후 화학구조가 똑같은 복제약을 생산한다. 이 복제약은 화학구조가 같기 때문에 기능도 같아 굳이 FDA의 승인을 받을 필요는 없으나 자국에서 전반적인 제조 과정에 대해 승인을 받아야 한다. 반면에 바이오시밀러는 주로 단백질 의약품으로, 특허 기간 만료를 대비하여 생산 기술을 개발하여 제조했다 하더라도 구조를 똑같이 만드는 것은 매우 어려운 일이다. 구조와 기능은 비슷하더라도 아미노산 서열이 몇 개만 달라져도 독성이 나타날 수 있으므로 FDA로부터 신약(new drug)과 같은 절차로 승인을 받아야 한다. 약효 면에서 원래의 바이오시밀러보다 향상된 의약품이 개발될 수 있는데, 이를 바이오베터(biobetter)라고 부른다. 이러한 바이오시밀러와 바이오베터는 원래 동물이나 인체에서 생산되는 물질을 인위적으로 생산하는 것이기 때문에 바이오 의약품이라고 부른다. 바이오 의약품은 기존의 합성 의약품에 비해 성공 가능성이 높고 시간과 비용도 적게 드는 것이 장점이다(그림 5-8).

신약은 지금까지 공개되지 않은 완전히 새로 만들어진 의약품으로 정

그림 5-8. 2015-2016년 특허 기간이 만료된 바이오 의약품의 종류

제품명	성분	효능
뉴라스타	페그필그라스팀	백혈구 개선 촉진
란투스	인슐린글라진	당뇨병 치료
타미플루캡슐	오셀타미비르인산염	신종플루 치료제
바이토린정	심바스타틴, 에제티미브	고지혈증 치료제
휴미라	아달리무맙	류마티스 관절염 치료제
팍실 CR	파록세틴염산염수화물	우울증 치료제
이레사정	게피티니브	폐암 표적치료제
타이가실주	타이제사이클린	항생제
바라크루드	엔테카비르	B형간염 치료
아보다트	두타스테라이드	탈모, 전립선 비대증 치료제

의한다. 따라서 제품의 작용 기작에 독창성이 있거나 새로운 화학구조를 가지며 원래의 제품이 가진 문제점을 해결하거나 약효나 안정성에 있어서 현격하게 향상되어야 신약으로 인정받을 수 있다. 이러한 신약을 혁신 신약(innovation drug 또는 first-in-class drug)이라고 부르기도 한다. 신약 개발은 의학생명공학 기술이 발전한 선진국조차 엄청난 시간과 비용이 든다. 그래서 많은 기업체에서는 오히려 개량 신약(me too drug 또는 follow-on drug)에 집중하는 경우도 많다. 개량 신약은 혁신 신약과 비슷한 기작을 갖거나 화학구조를 일부 변형하거나 또는 제제화를 개량하여 기능이나 효능을 향상시킨 의약품이라 할 수 있다. 일반적으로 의사의 처방에 의해서 구입할 수 있는 이와 같은 전문 의약품을 ETC(ethical-the-counter drug)라고 하며, 약국에서 구입이 가능한 일반 의약품을 OTC(over-the-counter drug)라고 한다.

신약을 개발하기 위해서는 매우 복잡한 과정이 필요하다. 처음에 어떤 질병을 극복하기 위해 기본적인 탐색 연구가 필요한데, 여기에는 의학적 지식에 바탕을 두고 가설을 설정하고 아이디어와 기술을 통해 신물질을 화학합성하는 과정과 미생물 발효 및 동식물로부터의 추출 작업이 포함

된다. 준비된 신물질들의 효능을 검색하여 후보 물질들을 선정하고 의약품 안전성 시험 관리 기준(GLP: Good Laboratory Practice)에 따라 여러 동물에서 독성, 약리, 약동력학 등을 검토하는 전 임상 시험을 실시한다. 이 과정에서 안전성 및 유효성을 인정받은 후보 물질에 대해 임상 시험 조건부 허가를 받아 인체에 대한 임상 시험에 들어가게 된다. 임상 시험은 1상, 2상, 3상으로 구분되어 있으며, 의약품 임상 시험 관리 기준(GCP: Good Clinical Practice)에 따라 임상 시험 계획서와 각 임상 시험에 대한 결과 보고서를 제출한다. 제1상 임상 시험은 전 임상 시험에서 얻은 결과를 토대로 체내 동태(pharmacokinetics)와 약리작용(pharmacology)과 같이 주로 안전성에 집중하며 보통 건강인 20−80명 정도에게 후보 물질을 투여한다. 제2상 임상 시험은 약리 효과를 확인하고 적정 용량이나 용법 등을 결정하며 환자 수백 명에게 투여한다. 제3상 임상 시험은 후보 물질의 유효성이 적절하게 확인된 후 수백, 수천 명에게 투여한다.

이러한 과정을 통해 안전성과 유효성이 확인되면 품목을 허가하고 의약품 제조 및 품질 관리 기준(GMP: Good

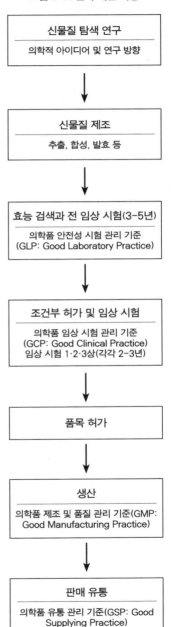

그림 5-9. 신약 개발 과정

신물질 탐색 연구
의학적 아이디어 및 연구 방향

신물질 제조
추출, 합성, 발효 등

효능 검색과 전 임상 시험(3–5년)
의약품 안전성 시험 관리 기준
(GLP: Good Laboratory Practice)

조건부 허가 및 임상 시험
의학품 임상 시험 관리 기준
(GCP: Good Clinical Practice)
임상 시험 1·2·3상(각각 2–3년)

품목 허가

생산
의학품 제조 및 품질 관리 기준(GMP:
Good Manufacturing Practice)

판매 유통
의학품 유통 관리 기준(GSP: Good
Supplying Practice)

Manufacturing Practice)에 따라 허가된 신물질을 생산한다. 여기에서 국제 기준은 CGMP(Current Good Manufacturing Practice)이고, 대한민국 기준은 KGMP(Korea Good Manufacturing Practice)이다. 이러한 기준에 따라 신물질이 생산되면, 의약품 유통 관리 기준(GSP: Good Supplying Practice)에 따라 판매되고 유통된다. 시판 후에는 제4상 임상 시험이 실시되는데, 이는 안정성 조사를 위한 추가 임상 시험의 개념이다(그림 5-9).

이렇게 개발된 신약들이 체계화된 생물 공정에 의해 대량생산되어 전 세계에 골고루 유통되고 있는 것이다.

제6장
생물체를 인공적으로 배양하는 생물반응기

생물반응기란 원래 반응기로부터 나온 융합 용어로 살아 있는 세포나 세포에서 생산되는 효소 같은 생체 물질들을 반응기에서 반응시킬 때, 그 생체 반응을 위한 용기를 생물반응기라 한다. 원래 반응기는 주로 화학 및 화학 산업 분야에서 다양한 화학 원료들을 원하는 화학물질로 전환시킬 때 이용되는 용기로 초기에 기초 실험을 위해 실험실에서 주로 이용하다가 대량생산의 필요성에 따라 큰 규모의 반응기로 발전하여 다양한 산업 분야에 필수적인 도구가 되었다.

생명공학 분야가 크게 발전함에 따라 다양한 생명공학 제품의 생산을 위해 다양한 생물반응기가 필요하게 되었는데, 위에서 언급한 바와 같이 여러 생체 반응을 일으키는 생체 물질들을 이용하므로 생물반응기라 불리게 되었다. 생체 물질들로는 미생물, 식물세포, 동물세포, 그리고 효소 등이 있다. 일반적으로 세포들을 대량 배양하여 세포 또는 대사물 생산을 위한 용기를 생물반응기라 하고, 효소 또는 고정화 효소를 이용한 생물 전환 반응을 수행하여 생명공학 제품을 생산하는 용기를 효소 생물반응기라 부른다.

생명공학 분야에 이용되는 생물반응기의 종류와 크기는 다양하다(그림 6-1). 생물반응기에는 실험실 규모에서 많이 사용하는 시험관, 삼각플라스크, 작은 규모의 생물반응기, 그리고 생물 산업에 이용되는 큰 규모

그림 6-1. 생물반응기의 종류

충전층 생물반응기   막 생물반응기

유동층 생물반응기   교반식 생물반응기

의 생물반응기까지 다양하다. 실제로 일반적인 생물반응기의 종류도 다양하다. 교반식, 유동층, 충전층, 막 생물반응기 등을 꼽을 수 있는데 응용되는 생체 물질이나 시스템에 따라 적절한 생물반응기를 선택하거나 새로 설계해서 이용할 수 있다. 또한 생물반응기는 조업 방식에 따라 1회의 반응 공정으로 끝마치는 회분식(batch), 생체 시스템을 이용하여 연속적으로 반응시키는 연속식(continuous), 그리고 일정한 속도 또는 간헐적으로 기질을 공급하는 유가식(fed-batch) 배양으로 나눌 수 있으며, 산업체에서 생명공학 제품의 대량생산을 위하여 주로 회분식 또는 유가식 방법을 사용하고 있다. 연속식 배양은 생물반응기에 연결된 라인들이 많아 쉽게 오염될 수 있는 소지가 있어 아직까지는 잘 이용되지 않는다. 다만 오염이 거의 문제되지 않는 에탄올 발효나 폐수 처리 등에는 연속식 배양이 이용되고 있다. 따라서 이러한 기술적인 문제점을 해결할 수 있다면 다른

그림 6-2. 액체배양(좌)과 고체배양(우)

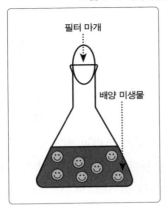
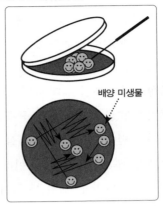

방법에 비해 높은 생산성을 얻을 수 있으므로 많이 이용될 수 있을 것으로 기대된다. 특히 세포 배양의 특성에 따라 생물반응기의 설계가 달라진다. 세포의 배양은 영양분이 어떠한 형태로 존재하는가에 따라 세포들이 액체 양양분 속에서 성장하는 액체배양(liquid culture)과 고체 영양분에서 성장하는 고체배양(solid culture)이 있다. 또한 배양 중에 산소의 필요성에 따라 용기를 지속적으로 움직여 주는 경우와 용기를 고정된 상태로 그대로 놓아두는 경우가 있다(그림 6-2).

전통적인 식품 발효의 예로서 쌀 막걸리를 제조하는 경우 우선 쌀을 익혀서 당으로 전환시키려면, 일정한 부피의 용기에서 아밀라아제를 분비하는 곰팡이를 쌀밥과 혼합하여 온도를 일정하게 맞추어 주고 간헐적으로 혼합해 주면 곰팡이가 쌀밥의 표면에 자라면서 아밀라아제를 분비하여 당으로 분해할 것이다. 여기에서 쌀밥은 고체 영양분이고, 아밀라아제를 분비하는 곰팡이가 잘 성장할 수 있도록 공기를 공급해 주기 위해 서 간헐적으로 혼합하는 것이다. 따라서 이는 호기성 고체배양이다. 다음 단계로 분해된 쌀밥과 다른 용기에서 배양한 효모를 커다란 용기에 혼합하여 막걸리 발효를 진행한다. 이 단계에서 효모의 농도를 높이기 위해 다른 용기에서 배양한 것은 호기성 액체배양이다. 좀더 정확하게 얘기하면 액침배양(submerged culture)이라고 부른다. 그리고 커다란 용기에서 최종적으로 진행되는 막걸리 발효는 따로 공기를 공급할 필요가 없으므로 단순한 액체배양이라 할 수 있다. 여기에서 사용된 용기들을 생물반응기라고 한다.

실험실에서 균주를 계대 배양하기 위해 배양접시에 영양분을 한천과 함께 혼합하여 굳힌 후 표면에 균주를 골고루 도포하여 배양기에 넣어두면 균주가 표면에 성장하는 것을 볼 수 있다. 이러한 배양을 고체배양 또는 반고체배양(semi-solid culture)이라 부른다. 시골에 가면 처마 밑에 메주를 새끼줄로 매달아 둔 것을 본 적이 있을 것이다. 메주를 직사각형이나 원형 모양으로 성형한 것은 고체배양을 위한 것이고, 새끼줄에는 고초균을 포함한 여러 미생물들의 포자들이 붙어 있어 종균의 역할을 하는 것이다. 이도 전통적인 고체배양의 대표적인 예이다.

또 한 가지 예로서 식혜를 만들 때 밥을 익히고 식혀서 엿기름 및 물과 혼합하여 용기에 넣고 온도를 맞추고 일정 시간 놓아둔다. 여기에서 엿기름은 보통 보리에 싹을 내어 말린 것으로 맥아(malt)라고 하며 주로 α-아밀라아제, β-아밀라아제, β-글루카나아제 등의 분해효소를 포함한다. 이러한 효소들에 의해 두 분자의 포도당으로 구성된 맥아당(maltose), 포도당(glucose) 등으로 분해되어 식혜의 단맛을 내게 된다. 이러한 과정은 효소반응이므로 사용된 용기를 효소 생물반응기라 할 수 있다. 다음 단계로 모든 생화학반응을 멈추도록 끓인 후 냉장 보관한다. 생물반응기의 기초적인 개발은 작은 규모로 실험실에서 시작된다. 그리고 바이오 산업 분야에서 대부분 사용하는 시스템은 주로 호기성 액체배양이다. 따라서 대부분의 생물반응기의 개발은 효율적인 호기성 액체배양에 집중되어 있다.

예를 들어 새로운 생물반응기를 설계하여 생산하려는 물질의 생산성을 높인다고 가정해 보자. 생산성을 높이기 위해서는 기본적으로 생물반응기 내에서 액체, 기체, 고체들의 행동을 규명하여 유체역학(fluid mechanics), 열의 전달(heat transfer), 그리고 물질의 전달(mass transfer) 등을 세부적으로 연구하여 생물반응기를 설계해야 한다. 액체를 영양분이 용해되어 있는 액체 배지, 기체를 산소가 포함되어 있는 공기, 고체를 배양하려는 세포라고 생각하면 이해가 쉬울 것이다. 다시 말하면 세포는 액체 배지에 포함되어 있는 영양분과 산소를 적절하게 섭취해야 하는데, 세포가 액체 속에서 끊임없이 움직임으로써 액체와 계속적으로 접촉하여 영양분과 산소가 세포 속으로 전달되는 것이다. 이를 위해 계속해서 공기를 공급하고 혼합해야 한다. 또한 공기 속의 산소는 역시 공기 방울이 액체와 끊임없이 접촉함으로써 산소를 액체 속으로 계속 전달한다. 이러한 방법으로 영양분과 산소가 세포 속으로 전달된 후 세포 속에서 복잡한 대사 과정을 거쳐 생산물 또는 부산물과 이산화탄소가 생산되어 세포 밖으로 전달된다. 이 중 이산화탄소는 액체로 전달된 후 다시 기체로 빠져나오는데, 세포 밖의 액체 속으로의 전달과 액체 속에서 기체로 전달 역시 계속적인 혼합 없이는 어려운 일이다. 이러한 일련의 전달을 물질 전달이라 한다. 열의 전달 역시 계속적인 혼합으로 인해 생물반응기 내의 액체 전체의 온도를 일정하게 유지할 수 있는 것이다. 따라서 생물반응기 내의 세포와 공기의 온도도 일정하게 유지된다. 물론 세포의 대사에 의해 생겨나는 대사열 때문에 올라가는 온도도 이러한 방식에 의해 유지될 수 있다. 유체역학은 생물반응기 내의 유체의 행동을 연구하는 학문으로 물질의 전달, 열의 전달, 그리고 혼합에 많은 영향을 미칠 수 있다(그림 6-3).

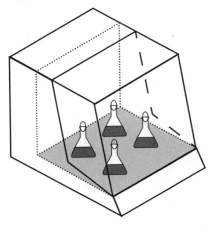

그림 6-3. 진탕 배양기에서 삼각플라스크 배양

이러한 기본적인 연구를 통해

그림 6-4. 산업용 대규모 교반식 생물반응기

실험실에서도 새로운 생물반응기를 개발할 수 있으며, 일단 실험실에서 개발된 생물반응기는 산업체에서 생산물을 대량생산 할 수 있도록 대규모화되어야 한다. 그러나 작은 규모의 생물반응기를 똑같은 모양으로 대규모화한다고 해서 작은 생물반응기에서 얻은 높은 수율과 생산성을 얻을 수 있는 것은 아니다. 왜냐하면 생물반응기의 규모가 커지면 이에 따라 유체역학, 물질의 전달, 열의 전달이 달라지고 생물반응기를 작동하는 데 더 많은 에너지가 소모되기 때문이다. 따라서 이러한 요소들을 잘 고려해서 수율과 생산성을 높일 수 있도록 개발되어야 한다. 일반적으로 작은 생물반응기에서 대량생산을 위한 대규모 생물반응기로 옮겨 가는 과정에는 중간 규모의 생물반응기로써 실험실 규모에서 최적화된 모든 요소들이 제대로 작동하는지 확인이 꼭 필요하다. 이 과정의 생물반응기를 파일럿 플랜트(Pilot plant) 생물반응기라고 한다. 이 규모의 생물반응기에서는 작은 규모의 생물반응기에서 확립했던 최적의 조건들(교반 속도, 공기의 주입 속도 등)이 중간 규모 크기의 생물반응기에서 제대로 작동되어 비슷한 수준의 수율과 생산성을 얻을 수 있는지를 확인할 수 있다. 이러한 결과를 고려했을 때 기대에 못 미치면 문제점을 찾아내어 일부 조건들을 변화시켜 적절한 수준의 수율과 생산성을 얻은 후 대규모의 생물반응

기를 제작하여 생산물을 대량생산하는 것이다. 이 과정에서 문제점이 있으면 작은 규모로 다시 돌아가서 문제점을 해결해야 한다. 만약 다른 생산물을 생산하기 위하여 대규모화된 생물반응기를 변형시키고자 하면 다시 실험실 규모의 생물반응기에서 최적 조건을 확립한 후 파일럿 플랜트 생물반응기, 그리고 대량생산용 생물반응기의 순으로 조건을 다시 확립해야 한다. 요즈음에는 고부가가치 생산물이 점차로 늘어나고 작은 양을 생산하는 경우도 많기 때문에 파일럿 플랜트 생물반응기가 대량생산용 생물반응기의 규모로 이용되기도 한다(그림 6-4).

일반적으로 생물반응기의 종류를 구분할 때 내용물을 혼합하는 방법에 따라 크게 기계적인 장치를 이용하여 혼합하는 경우, 공기를 분사시켜 혼합하는 경우, 그리고 펌프를 이용하여 기질이 포함된 용액을 투입하며 혼합하는 경우가 있다.

현재 가장 많이 이용되고 있는 생물반응기는 교반식 생물반응기로서 모터에 의해 작동되는, 교반기(agitator 또는 impeller)로 불리는 기계적인 장치를 이용하여 생물반응기 내의 세포, 영양분이 포함되어 있는 액체 배지 및 산소를 포함한 공기를 골고루 기계적으로 혼합함으로써 생체 반응이 제대로 일어나게 해 준다. 실제로 생물 산업 분야에 이용되고 있는 대부분의 세포는 호기성으로 생체 반응을 위해 산소가 꼭 필요한 경우가 많다. 산소는 값이 비싸서 산소 그 자체를 공급하지는 못하고 산소가 포함된 공기를 공기 분사기(air sparger)라는 장치를 통해 생물반응기 안에서 공급한다.

기계적인 장치를 이용하여 혼합하는 반응기가 가장 오래되었는데 여러분들이 가정에서 사용하는 소위 믹서라고 부르는 기계를 생각해 보자. 예리한 칼날을 가진 혼합기인 믹서는 과일을 잘게 부수고 물과 혼합시키는 일을 한다. 이 믹서에 장착된 분쇄형 교반기는 모터에 의해 작동되고, 교반기의 회전 수를 조절함에 따라 만들어지는 결과물이 조금씩 달라진다. 기계적인 장치를 갖는 생물반응기도 비슷한 원리를 갖는다. 이러한

그림 6-5. 교반식 생물반응기

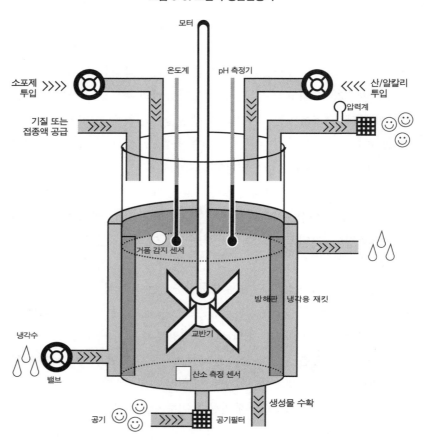

생물반응기를 교반식 생물반응기(stirred-tank bioreactor)라 부르며 생물반응기 안의 기체, 액체, 고체 등을 섞어 주는 교반기(impeller) 외에 생물반응기 안의 유체 흐름을 방해하여 더 효율적인 혼합을 유도하는 방해판(baffle), 산소의 공급을 위해 공기를 분사해 주는 공기 분사기 등으로 구성되어 있다. 이 생물반응기의 교반기 종류에 따라 유체의 흐름이 바뀌어 혼합되는 방식도 달라진다. 풍력 발전에서의 프로펠러 또는 배의 스크루같은 원리이다.

따라서 세포나 효소를 이용하여 생물반응기에서 배양 또는 반응을 시킬 때, 교반기의 모양과 교반 속도는 매우 중요하므로 적합한 교반 속도로 작동시키는 것이 중요하다. 특히 세포를 배양할 때는 공기 분사기를 통해 공기를 연속적으로 적절하게 공급해야 한다. 일반적으로 공기 분사기를 통해서 나온 공기 방울은 바로 위쪽에 위치한 교반기에 의해 잘게 부서져 생물반응기 전체에 골고루 분배됨으로써, 작은 공기 방울로부터 액체로 용해된 산소가 세포들로 전달되어 대사를 한다. 물론 공기 방울이 작으면 작을수록 액체와 접촉할 수 있는 표면적이 넓어져 더 많은 산소를 액체로 전달하게 되고 이를 세포가 이용할 수 있는 것이다. 반면에 공기 방울이 커지면 상대적으로 액체와 접촉할 수 있는 표면적이 작아져 산소 전달에 문제가 생긴다. 따라서 다양한 세포를 이용하여 고부가가치성 물질을 효율적으로 생산하려면 산소 전달 속도가 빠를수록 좋다(그림 6-5).

유동층(fluidized-bed) 생물반응기는 교반식 생물반응기와 달리 기계적 교반 장치에 의해 혼합되지 않는다. 공기 분사기만 설치해서, 공기가 공기 압축 펌프에 의해 공기 분사기를 거쳐 매우 작은 공기 방울로써 유체들이 혼합되는 생물반응기이다. 가장 간단한 유동층 생물반응기는 원통형 칼럼으로 되어 있고, 공기 분사기는 맨 아래쪽에 장착되어 있다. 카페나 음식점에 가면 원통형 또는 직사각형 칼럼에 물이 채워져 있고 가짜 물고기가 아래쪽에 장착돼 공기 분사기에서 분사되는 공기에 의해 상하좌우로 움직이는 것을 볼 수 있다. 그 자체가 생물반응기의 기본 원리인 것이다. 이러한 생물반응기를 기포탑(bubble column) 생물반응기라 부른다. 이러한 생물반응기는 공기의 분사 속도를 조절함으로써 적절한 혼합을 유지할 수 있다. 이 생물반응기 안에 영양분이 용해되어 있는 액체, 다시 말하면 배지가 있고 이 액체 속에 원하는 씨앗 세포를 넣고 적절한 공기를 분사해 주면 훌륭한 생물반응기로 작동되는 것이다. 기포탑 생물반응기 외에 구조를 일부 변형시킨 공기 부양(air-lift) 생물반응기도 있다. 이러한 생물반응기들은 기포탑 생물반응기에 지름이 작은 원통형의 칼럼을 내

그림 6-6. 유동층 생물반응기

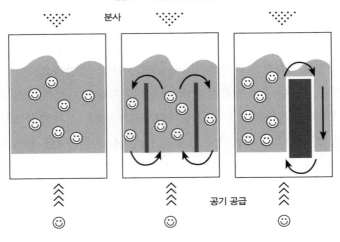

분사

공기 공급

부 또는 외부에 설치하여 공기 분사 후 액체의 흐름이 순환되어 작동하게 된다. 이러한 종류의 생물반응기를 각각 내부 순환, 외부 순환 공기 부양 생물반응기라 부르며 균사체 미생물, 동식물 세포 배양에 많이 이용된다 (그림 6-6).

충전층(packed-bed) 생물반응기는 주로 고체 기질을 다른 물질로 전환 시키거나, 효소에 의해 생물 전환 반응을 수행할 때 많이 쓰이는 생물반 응기이다. 고체 기질을 전환시킬 경우 생물반응기 안에 고체 기질과 미생 물을 충전시키면 미생물에 의한 전환 반응이 일어나 생성물을 생산하게 된다. 또한 효소에 의한 생물 전환 반응은 고정화 효소를 생물반응기 안 에 충전시키고 기질을 통과시키면 효소에 의해 원하는 생성물로 전환된 다. 충전층 생물반응기는 기포탑 생물반응기 형태의 반응기를 수평 또는 수직으로 하여 반응기 안에 세포나 효소를 충진시킨 후 액체의 영양분을 한쪽에서 다른 쪽으로 흘려 보내 주면 원하는 생산물을 얻을 수 있다. 세 포나 효소는 그 자체로 충전할 수 없으므로 고체 또는 반고체 물질에 가두 거나 화학적으로 결합시키는 고정화 기술을 이용하여 충전시킨다. 특히 이 생물반응기는 산업적으로 고정화 효소를 이용한 생물 전환 반응을 수

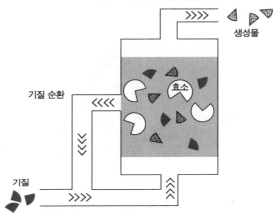

그림 6-7. 충전층 생물반응기

생성물

기질 순환

효소

기질

행할 때 많이 이용된다(그림 6-7).

막(membrane) 생물반응기는 표면에 일정한 기공을 갖는 막을 이용하는 생물반응기로, 이는 화학적으로 합성된 얇은 막에 일정한 크기의 수많은 작은 구멍(기공)을 만들어 이 기공의 크기보다 큰 물질은 통과하지 못하고, 기공의 크기보다 작은 물질만 통과할 수 있는 원리를 이용한다. 예를 들면 대표적인 막 생물반응기로서 많은 가닥의 중공사(hollow-fiber)를 원통형 모듈 안에 길게 넣어 만든 막 생물반응기가 있다. 중공사 막은 깊고 가느다란, 가운데가 비어 있는 실관 형태로 만든 것이다. 한 다발의 중공사 막을 일정한 크기의 원통형 관에 넣고 작동시킨다. 실관 모양의 중공사 막 안쪽의 빈 공간에 세포나 효소를 충전시키고, 모듈 형태의 원통형 관 안쪽에 중공사 막들을 잘 넣고 양끝을 마무리하면 훌륭한 생물반응기가 완성된다. 충전층 생물반응기에서와 같이 한쪽에서 기질을 공급해 주면, 이 기질이 세포나 효소와 반응하여 생산물이 생산된다. 그것이 막을 통해 나오면 다른 쪽에서 회수할 수 있다(그림 6-8).

이와 같이 생물반응기에는 다양한 종류가 있으며 세포나 시스템의 특성에 맞는 반응기를 선택하거나 설계해야 하는데, 결과적으로 이는 대량

그림 6-8. 막 생물반응기

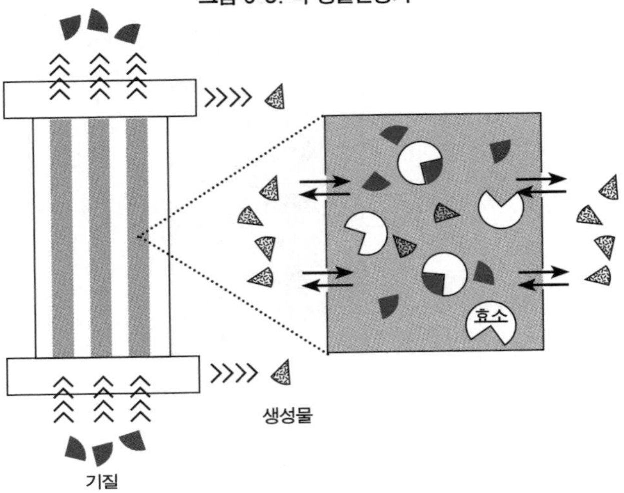

생산뿐만 아니라 최종 생산물의 수율과 생산성을 높이는 데 목적이 있다. 수율과 생산성은 경제성과 밀접한 관계가 있으므로 매우 중요한 요소들이다. 수율이란 최종 생산물이 어떠한 종류인가에 따라 다를 수 있지만 일반적으로 소모된 영양분의 양을 기준으로 할 때 생산된 최종 생산물 양의 비를 말한다. 또한 생산성이란 단위시간 동안에 생산된 최종 생산물의 농도를 말한다. 그뿐만 아니라 세포나 효소의 특성에 따라 적절한 선택이 필요하며, 실험실 규모에서 최적의 배양 또는 반응 조건에서 반응 특성을 검토하여 시스템을 확립해야 한다. 물론 여러 기업체에서 상업적으로 생산되는 다양한 생물반응기 중 시스템에 알맞은 것을 선택하는 경우도 많지만, 실제로 생물반응기를 설계해야만 하는 경우도 많다. 또한 아직도 시스템의 목적에 따라 생물반응기를 개발해야 할 소지가 많다.

　다양한 유용 물질들을 생산하는 미생물 및 동식물 세포의 특성에 맞는 생물반응기의 적절한 선택 및 조업 조건 등이 전체 공정의 생산성에 막대한 영향을 미친다. 예를 들면 교반식 생물반응기의 기계적 교반 장치가 일부 곰팡이 및 동식물 세포에 손상을 입히기도 한다. 이때 특수한 교반 장치를 개발하여 이용하거나 유동층 생물반응기를 사용하는 경우가 많다. 배양 조건으로는 영양분(탄소원, 질소원, 무기염류 등)과 산소의 공급이 원활하게 될 수 있도록 하고 pH, 온도 및 용존 산소를 측정하고 제어하는 시스템, 그리고 세포의 성장 및 대사가 효율적으로 일어날 수 있도록 생물반응기 내의 세포와 영양분이 적절하게 혼합되어야 한다. 가장 중요한 요소로는 일정 농도의 산소를 연속적으로 공급해 주는 것으로 이는 모든 호기성 배양 공정에서 적용된다. 산소의 농도, 산소 흡수 속도, 산소 전달 속도 등이 적절해야 한다. 이에 관련된 문제점으로 외부 환경에 의해 세포의 농도 및 대사활성이 시간에 따라 변할 수 있으므로 산소의 공급과 수요의 균형을 맞추기 힘들 수 있다. 대부분의 경우 산소의 수요보다는 공급에 한계가 있으므로 미생물의 산소에 대한 수요를 생산성에 영향을 주지 않으면서 감소시키는 것도 하나의 방법이다. 세포와 유용 물질의 다양성에 따라 생물반응기를 변형하거나 필요에 따라 새로운 형태의 생물반응기를 개발할 필요성이 생긴다. 이와 같이 생체 시스템에 맞추어 적합한 생물반응기를 선택하거나 개발하는 것이 매우 중요하다.

제7장

생명공학 제품의 효율적인 생산을 위한 세포와 효소의 응용

생명공학 분야에서 세포나 효소를 이용하는 기술이 발전하기 전에는 주로 화학반응에 의해 필요한 물질을 합성하였다. 그러나 제4장에서도 언급했지만 화학반응은 일반적으로 고온·고압에서 촉매와 유기용매를 이용하기 때문에 공정이 복잡하고 반응을 수행하기 위해 에너지가 많이 들며 환경을 오염시킬 가능성이 많다. 또한 생산물뿐만 아니라 부산물들도 많이 생산될 수 있기 때문에 최근에는 환경 친화적이고 상온·상압 조건에서 세포나 효소반응에 의해 생산물을 생산하려는 시도가 많이 이루어지고 있다(그림 7-1).

제3장과 제4장에서 언급했던, 세포와 효소를 이용하여 다양한 생명공학 제품을 생산하려면 제5장에서의 생물 공정을 경제적으로 설계하여 제6장에서 설명했던 생물반응기를 효율적으로 활용해야 한다. 세포의 경우는 유전적으로 안정성을 가지면서 생물반응기에서 고농도 배양이 필요하고, 효소의 경우는 효소를 세포로부터 생산하고 부분적으로 또는 순수하게 정제하는 비용이 비싸기 때문에 효소 생물반응기에서 생물 전환을 위해 경제적인 면을 고려해야 한다. 세포는 배양 중에 일부가 생물반응기를 빠져나오거나 사멸해도 남아 있는 영양분을 이용해 지속적으로 성장하거나 일정한 농도를 유지할 수 있고, 더구나 고정화 기술을 이용하면 담체 물질(carrier 또는 matrix)이 주로 다공성이어서 표면적이 넓으므로

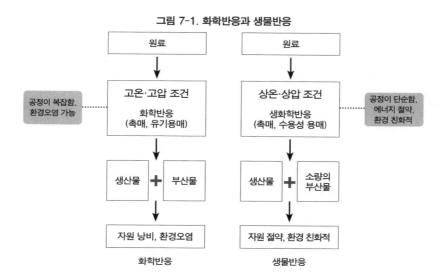

그림 7-1. 화학반응과 생물반응

공정이 복잡함, 환경오염 가능

원료 → 고온·고압 조건 화학반응 (촉매, 유기용매) → 생산물 + 부산물 → 자원 낭비, 환경오염

화학반응

공정이 단순함, 에너지 절약, 환경 친화적

원료 → 상온·상압 조건 생화학반응 (촉매, 수용성 용매) → 생산물 + 소량의 부산물 → 자원 절약, 환경 친화적

생물반응

더 높은 세포 농도를 유지하여 생산물의 수율과 생산성을 향상시킬 수 있다. 주방용 스펀지를 보면 전체적으로 작은 구멍이 뚫려 있어 표면적이 매우 높은 것을 알 수 있다. 이러한 다공성 스펀지를 다양한 크기와 형태로 제작하여 사용할 수 있다. 담체로 이용 가능한 물질에는 다양한 무기물질, 유기물질, 혼합물질, 그리고 이러한 물질에 바탕을 두고 나노 크기로 만든 물질 등이 있다(그림 7-2). 반면에 효소는 일부가 분해되거나 효소 생물반응기 밖으로 빠져나오면 생물 전환 반응에 문제가 생길 수밖에 없다. 따라서 생물 전환 반응에서는 유리 효소(free enzyme)를 사용하면 단한 번밖에 반응을 할 수 없으므로 경제성이 없다. 산업적으로 활용하려면 고체 또는 반고체 물질에 효소를 붙이거나 가두어 수십 번 또는 수백 번 사용할 수 있어야 일반적인 화학합성 반응과 비교해 상대적으로 경제성을 가질 수 있다. 고정화 기술(immobilization technique)로써 효율적으로 효소를 이용할 수 있다.

고정화 기술이란 일반적으로 담체라 불리는 다양한 고체 및 반고체 물질에 세포나 효소를 흡착 또는 화학결합시키거나 가두는 기술을 말한다.

그림 7-2. 고정화 담체의 종류

	특성	사용 방법
Graphite	수정과 같은 결정 구조를 가지는 육방정계 광물	흡착법, 이온 결합법, 가교 결합법, 공유 결합법
Alginate	갈조류에서 추출한 물질	포괄법
Sillica	이산화규소, 무수규산의 통상적인 명칭	이온결합법, 공유 결합법, 가교 결합법
Alumina	알루미늄을 추출하는 원료로서 알루미늄의 산화물	흡착법, 이온 결합법, 가교 결합법, 공유 결합법
Zeolite	알칼리 및 알칼리토금속의 규산알루미늄 수화물인 광물	흡착법, 이온 결합법, 가교 결합법, 공유 결합법
Chitosan	키틴의 탈아세틸화물	포괄법
Activated carbon	흡착성이 강하고 대부분의 탄소질로 된 물질	흡착법, 이온 결합법, 가교 결합법, 공유 결합법

물리적 방법으로 세포들(미생물, 식물세포 및 동물세포)의 자유로운 행동을 제한하는 기술인 세포 고정화(cell immobilization)와 효소를 물리적 또는 화학적으로 담체에 가두거나 결합시켜 한 물질을 다른 물질로 생물 전환(bioconversion)시키는 데 이용하는 효소 고정화(enzyme immobilization)가 있다. 또한 유전자 조작을 통하여 세포 내에 원하는 효소를 많이 생산하게 하면 세포 내에 효소를 고정화시킨 것과 마찬가지 효과를 나타내거나, 역시 유전자 조작을 통해 대장균이나 효모 등의 세포의 표면에 원하는 효소들이 발현될 수 있도록 하는 표면 발현(surface display)도 많이 개발되고 있다. 이러한 기술들을 전 세포 고정화(whole cell immobilization)라 부른다. 이러한 고정화 기술의 이용은 세포나 효소를 이용한 생물 공정에서 생산성을 높일 수 있으므로 산업적으로 많이 이용되고 있다(그림 7-3).

고정화 세포의 이용에 있어 장점을 보면, 담체를 사용하여 세포를 고정화시킴으로써 생물반응기 밖으로 빠져나가는 세포의 손실(washout)이 없으므로 유용 물질을 연속적으로 생산할 수 있고, 이러한 경우에 다른 세포에 의한 오염 가능성도 적다. 또한 세포를 담체 안에 억제시킴으로써

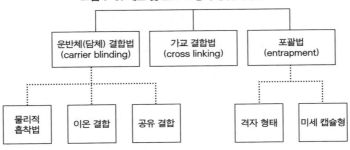

그림 7-3. 세포 및 효소 고정화 방법의 종류

운반체(담체) 결합법 (carrier blinding)
가교 결합법 (cross linking)
포괄법 (entrapment)

물리적 흡착법
이온 결합
공유 결합
격자 형태
미세 캡슐형

높은 세포 농도를 유지하면서 생물반응기를 조업할 수 있는데, 결과적으로 자본비를 절약할 수 있는 간편한 생물반응기를 사용할 수 있다. 반면에 단점으로서는, 일반적으로 세포가 담체 안이나 바깥에 겹겹이 쌓여 안쪽에 위치한 세포들이 산소나 영양분을 제대로 섭취하지 못해 세포의 활성도와 생존도에 부분적인 손실을 줄 수 있다는 것이다. 하지만 이러한 손실은 높은 초기 농도의 세포를 이용함으로써 극복될 수도 있다. 그럼에도 불구하고 담체 안의 높은 세포의 농도는 담체를 통한 물질의 수송을 원활치 못하게 하여 물질 전달에 문제가 생길 수 있다. 즉, 담체 중앙 부분에서는 세포의 성장을 위한 충분한 영양분이 전달되지 못함으로써 대사 작용이 변하여 다른 대사 부산물을 생산하는 것이다. 이러한 부산물의 축적은 세포의 활성도를 감소시킬 수 있으며, 결과적으로 생산성이 감소한다. 또한 담체로 많이 쓰이고 있는 칼슘 알지네이트 젤의 경우 인산과 같은 성분의 존재하에 쉽게 파괴되기도 한다. 비록 이러한 문제점들도 있긴 하지만 세포 고정화의 장점을 이용하여 생물 산업 분야에 응용해 오고 있다. 예를 들면 미생물을 이용한 에탄올, 유기산 및 항생제의 생산, 식물세포를 이용한 유용 대사물의 생산과 동물세포를 이용한 단일 항체의 생산 등 다양한 종류의 담체를 이용하여 광범위하게 많은 연구가 진행되고 있으며, 지속적으로 산업화되고 있는 품목 수가 증가하고 있다.

세포의 고정화 방법으로는 많은 방법들이 시도되었으나 가장 많이 쓰이고 있는 방법으로는 부착 방법(attachment)과 가둠 방법(entrapment)으로 분류할 수 있다. 부착 방법에는, 담체 표면에 부착시키는 방법으로서 정전기, 이온 결합, 생화학적 친화력 등과 같은 힘을 이용하는 흡착법과 화학결합을 이용한 공유 결합법이 있다. 흡착법은 제조 방법이 간단하여 비용이 적게 들며 온화한 반응 조건을 사용하여 세포의 활성도 손실이 적은 장점이 있지만, 흡착 후에 pH, 염의 농도 등에 의해 세포가 담체에서 쉽게 떨어져 나가는 단점이 있다. 공유 결합법은 세포 고정화보다는 주로 효소 고정화에 많이 쓰이는데 에스터기, 비스알데히드기, 아민기 등의 작용기가 포함된 물질을 사용하여 담체에 효소를 화학결합으로 연결시키는 방법이다. 이 외에도 공유 결합을 이용하여 효소들을 결합시키는 가교법(crosslinking)이 있다. 이 가교법으로 같은 작용기가 두 개 또는 여러 개가 달린 가교제를 이용하여 효소들을 결합시킬 수 있다. 가장 널리 알려진 가교제로는 분자의 양쪽에 각각 같은 작용기를 갖는 글루타르알데히드가 있다. 이 방법들은 취급이 용이하고 여과나 원심분리로 간단히 회수하여 재사용하기 쉽고, 반응을 특정 단계에서 중지시킬 수 있다. 효소고정화 방법은 뒤에서 다시 설명하기로 한다.

가둠 방법은 세포를 담체 내에 가두는 방법으로서 영양분과 생산물의 확산이 가능하다. 세포를 가두기 위한 젤로서 보통 폴리아크릴아미드, 폴리우레탄 등의 합성 물질이나 콜라겐, 알지네이트, 카레기난, 한천 등의 천연 물질이 많이 이용된다. 합성 물질은 천연 물질보다 더 안정한 젤을 만들지만 천연 물질처럼 온화한 조건에서 제조할 수 없다는 단점이 있다. 그래서 천연 고분자 물질에 의한 가둠 방법이 가장 많이 이용되고 있다(그림 7-4).

특히 세포를 고정화시키는 데 사용되는 담체는 세포의 활성도와 발효공정 효율 등에 상당한 영향을 미치므로 여러 가지 요소들을 고려하여 선택해야 한다. 즉 세포의 활성도와 기계적 강도가 높아야 하고 담체 물질을 쉽게 대량으로 구할 수 있어야 하며 고정화 비용도 적게 들며 대규모

화가 용이해야 한다. 이러
한 점들을 고려할 때 한천
은 기계적 강도가 낮고 카
레기난은 대규모화에 문
제점이 있어 실험실에서는
알지네이트를 이용한 연구
가 주로 진행되고 있으며
산업화를 위해 많이 이용
된다. 현재 가장 많이 이용
되는 담체인 알지네이트는
해초류에서 주로 생산되는

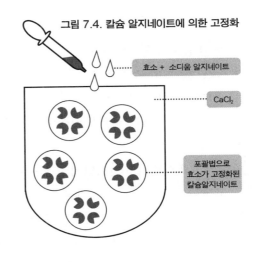

그림 7.4. 칼슘 알지네이트에 의한 고정화

효소 + 소디움 알지네이트

CaCl₂

포괄법으로
효소가 고정화된
칼슘알지네이트

데 마크로시스티스 피리페라(*Macrocystis pyrifera*)에 의해 생산된 것이 많이
이용된다.

현재 바이오 에너지 분야에서 전 세계적으로 많이 생산되고 있는 수송
용 에탄올의 경우 대부분은 회분식 배양에 의해 만들어진다. 이 배양에서
는 세척, 멸균, 충전, 접종, 발효, 발효액의 회수 등의 조업이 반복되어 인
건비가 많이 들며 자동 제어가 힘든 면이 있다. 이러한 한계성을 극복하
기 위해 고정화 세포에 의한 연속 발효법을 이용하면 생산성을 향상시킬
수 있다.

그러면 효소 고정화에 대해 좀더 자세히 알아보도록 한다. 간단한 예
를 들어 설탕(sucrose)을 포도당(glucose)과 과당(fructose)으로 분해하기 위
해 설탕 분해효소(sucrase)를 이용하는 효소반응을 생각해 보자. 우선 설
탕 분해효소의 활성 부위에 기질인 설탕이 결합하여 일정한 반응을 거쳐
생산물인 포도당과 과당이 생성된다. 그러면 효소 생물반응기에 설탕,
포도당, 과당, 그리고 설탕 분해효소가 함께 혼합되어 있어 생산물인 포
도당과 과당을 분리하기도 힘들고 남아 있는 설탕이 효소와 반응하는 데
도 한계가 있다. 따라서 설탕 분해효소를 고체나 반고체 물질에 화학적으

로 결합시키거나 물리적으로 가두면 설탕으로부터 전환된 포도당과 과당을 쉽게 분리 회수할 수 있고, 설탕 분해효소는 지속적으로 설탕과 반응하여 포도당과 과당을 생산할 수 있다.

효소를 이러한 방법으로 고정화하면 여러 가지 장점이 있다. 효소를 반복적으로 이용할 수 있고, 안정성이 향상되고, 반응을 쉽게 멈출 수 있으며 생산물과 쉽게 분리할 수 있다. 또한 여러 종류의 효소들을 담체에 각각 고정화시키거나 한꺼번에 고정화시켜 반응을 수행할 수 있다.

고정화 효소를 이용할 때 가장 중요한 것은 효소의 생화학적 특성과 반응 기작, 담체의 화학적 특성과 기계적 특성 파악이다. 이에 바탕을 두고 특정한 효소반응에 적합한 고정화 방법을 선택하고 물질 전달이 적절하게 수행되는지를 살펴야 한다. 또한 효소 생물반응기에서 조업할 때 안정성을 유지하는지 검토하고 최종적으로 기질의 전환율을 평가해야 한다. 효소의 생화학적 특성이란 분자량, 효소 표면의 작용기, 순수도 등을 말하며, 효소 기작의 매개변수인 비활성도(specific activity), 산도와 온도의 영향, 저해제(inhibitor)에 의한 저해, 다양한 물질에 대한 안정성 등을 잘 알아야 한다. 담체의 화학적 특성은 화학 성분, 작용기, 그리고 크기와 안정성 등을 말하며, 기계적 특성은 다양한 효소 생물반응기를 이용할 때 담체의 강도 등을 의미한다.

적합한 고정화 방법을 선택하려면 담체 표면에 효소 단백질이 어느 정도 붙었는지 또는 가두어졌는지 등의 평가가 필요하고, 활성 효소의 수율을 계산하는 것이 중요하다. 사용하는 완충 용액의 종류와 농도도 중요하며 기질이나 생산물의 확산이 용이하게 되는지 살펴보아야 한다. 안정성에 있어서는 효소 생물반응기의 조업 중에 안정성이 유지되는지 여부와 고정화한 효소를 장기간 냉장 또는 냉동 보관했을 때 활성도가 일정하게 유지되는지를 검토해야 한다. 최종적으로는 전환율과 생산성 등을 평가하여 경제성이 있는가를 판단해야 한다(그림 7-5).

보통 특정 생산물을 생산하기 위해 효소를 고정화할 때 가장 많이 쓰이

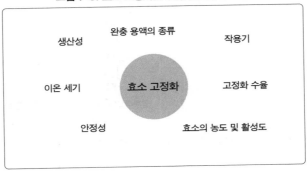

그림 7-5. 효소 고정화를 위한 중요한 요소들

생산성   완충 용액의 종류   작용기

이온 세기   효소 고정화   고정화 수율

안정성   효소의 농도 및 활성도

는 방법으로는 가교제(crosslinking agent 또는 linker)를 이용하여 담체 표면에 공유 결합에 의해 효소를 결합시키거나, 담체 없이 가교제를 이용하여 효소들을 서로 결합시키는 방법이 있다. 공유 결합을 가장 많이 이용하는 것은 전환 반응 중 효소가 담체 표면에서 떨어져 나가지 않고 강하게 붙어 있어야 반응이 계속 정상적으로 수행되기 때문이다. 이러한 공유 결합을 위한 작용기들은 매우 다양한데, 대표적으로 아미노기, 카르복실기, 히드록실기, 이미다졸기 등이 있다. 이러한 작용기를 결합시킬 때 사용하는 시약들이 효소의 활성 부위에 영향을 미치지 않아야 하고 효소가 제대로 활성을 유지해야 한다. 그러나 때때로 이러한 반응 동안 활성 부위에 영향을 미칠 수도 있고, 반응 과정이 복잡하고 비용이 많이 드는 경우도 있어 여러 가지 사항을 잘 고려해서 선택해야 한다(그림 7-6).

효소 고정화 기술을 산업적으로 응용하기 위해서는 포괄적이고 세부적인 기술이 필요하다. 말하자면 담체에 효소를 잘 결합시켜서 반응을 수행할 때 높은 수율과 생산성을 가져야 경제성이 있다. 이를 위해 공유 결합에 기초한 세부적인 효소 고정화 기술의 과정을 설명하기로 한다. 우선 담체의 표면에 불순물이 없어야 하므로 불순물을 제거하는 과정이 필요하고, 불순물을 제거한 담체 표면에 효소나 가교제를 결합시킬 수 있도록 작용기를 생성시켜야 한다. 이 작용기로는 주로 아미노기를 생성시키는

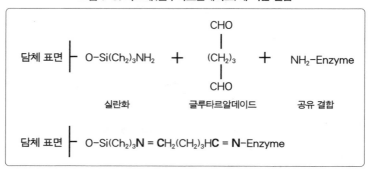

그림 7-6. 가교제(글루타르알데히드)에 의한 결합

담체 표면 ├ O-Si(Ch$_2$)$_3$NH$_2$ + $\overset{\text{CHO}}{\underset{\text{CHO}}{(\text{CH}_2)_3}}$ + NH$_2$-Enzyme

실란화   글루타르알데이드   공유 결합

담체 표면 ├ O-Si(Ch$_2$)$_3$N = CH$_2$(CH$_2$)$_3$HC = N-Enzyme

데, 이를 위해 필요한 시약들의 반응은 산도, 시약의 농도 및 반응 시간에 의해 영향을 받으므로 최적화 과정이 필요하다.

담체의 표면에 형성된 아미노기에 직접 효소를 결합시키면 효소의 크기 때문에 표면에 많은 효소가 붙지 못하므로 아미노기에 우선 분자 양쪽에 카르복실기를 갖고 있는 가교제인 글루타르알데히드를 결합시키면 효소를 가능한 한 많이 결합시킬 수 있는 공간이 형성되므로 일반적으로 이용되고 있는 가교제이다. 글루타르알데히드는 효소의 활성에 영향을 주는 경우도 있기 때문에 화학적으로 변형해서 쓰기도 한다. 이 과정에서 산도, 온도, 시간, 그리고 글루타르알데히드의 농도 등이 반응에 영향을 미치므로 최적화 과정이 필요하다.

이제 글루타르알데히드의 다른 쪽에 위치한 카르복실기에 효소의 아미노기를 결합시켜 효소를 고정화할 수 있다. 이 과정에서는 효소의 농도, 완충 용액의 종류와 농도, 산도, 반응 온도와 시간 등이 영향을 미친다. 최종적으로는 고정화 효소의 안정화 작업과 이 고정화 효소의 반응 특성을 파악하고 재사용을 위한 평가가 필요하다.

담체에 고정화하는 중에 효소의 활성 부위에 가교제가 작용하여 활성도를 잃는 경우가 있다. 이를 방지하기 위하여 고정화 전에 효소의 활성 부위에 적절한 기질을 결합하게 하고 담체에 결합시키면 활성 부위 이외

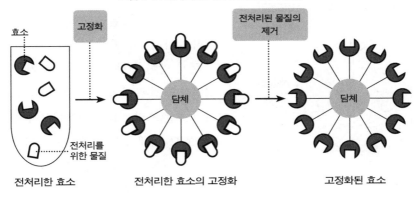

그림 7-7. 전처리에 의한 효소 고정화 방법

효소

고정화

전처리된 물질의
제거

담체

담체

전처리를
위한 물질

전처리한 효소   전처리한 효소의 고정화   고정화된 효소

의 부분에 가교제가 결합하여 효소의 활성도와 안정성을 향상시킬 수 있다. 이러한 방법은 다양한 효소 전환 반응에 응용할 수 있다(그림 7-7).

효소를 이용한 고정화 생물반응기로는 교반식과 충전층 생물반응기가 가장 많이 쓰인다. 적절한 양의 고정화 효소를 생물반응기에 충전하고 기질을 일정한 속도로 흘려 넣어 주면, 고정화 효소와 기질이 일정 시간 반응하여 생산된 생산물을 연속적으로 회수하면 된다. 전환율이 중요하기 때문에 기질의 투입 속도와 적절한 활성을 갖는 고정화 효소의 농도를 잘 조절해야 한다. 만약 반응 속도가 느려 전환율이 낮으면 생산물 용액을 재순환시키거나, 생물반응기를 2단으로 연결시켜 기질 용액을 두 개의 생물반응기에 연속적으로 순환시킬 수도 있다(그림 7-8).

예를 들어 위에서 언급했던 산업화된 공정으로 효소 고정화 기술을 이용하여 포도당을 과당으로 전환시키는 경우 충전층 반응기를 이용한다. 글루코스 이소머라아제라는 효소가 포도당을 과당으로 전환시키는데, 이 효소를 적절한 담체에 고정화하여 충전층 생물반응기에 충전하고 기질인 포도당 용액을 흘려 넣어 주면 생산물인 과당으로 전환되어 연속적으로 회수하게 된다. 이 과정에서 어느 정도 시간이 지나 고정화 효소의 활성이 감소하여 반감기에 이르면 새로운 고정화 효소가 충전되어 있는

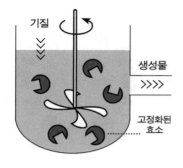

그림 7-8.
효소 고정화된 교반식 생물반응기

기질

생성물

고정화된
효소

생물반응기로 조업을 계속하고, 그동안에 활성이 감소된 고정화 효소는 재생하여 다시 사용할 수 있다.

현재 많이 연구되고 있는 전 세포 고정화의 경우 산업화된 공정의 대표적인 예는 프락토올리고당 생산이 있다. 효모 내에 설탕을 프락토올리고당으로 전환시킬 수 있는 전이효소를 다량 분비하게 하고, 효모를 담체로

가두어 고정화시키고, 교반식 또는 충전층 생물반응기에 충전시켜 조업을 한다. 설탕을 고정화 생물반응기에 흘려 넣어 주면 분해되어 포도당과 과당이 되고 분해되지 않은 설탕에 포도당이나 과당이 무작위로 여러 개씩 결합되어 올리고당이 생산된다. 이 올리고당은 섭취했을 때 단맛은 나면서 분해효소가 없어 에너지원으로 쓰일 수 없으며 장에 도달하면 유산균 등에 의해 섭취되어 정장 작용을 한다.

또한 현재 바이오 에탄올과 바이오 디젤의 효율적인 생산을 위해 많이 연구되고 있는 표면 발현에 의한 고정화의 예를 들어 본다. 우선 섬유소 물질을 섬유소 분해효소(cellulases)에 의해 포도당으로 가수분해시키고 생산된 포도당을 효모로 발효시키면 바이오 에탄올이 생산된다. 이와 같이 공정은 보통 2단계로 이루어져 있는데 균주를 표면 발현에 의해 개발하면 1단계로 수행할 수 있다. 효모를 유전자 조작에 의해 표면에 섬유소 분해효소를 발현시키면, 이 발현된 효소가 섬유소를 포도당으로 분해시키고, 이 포도당은 효모에 의해 바이오 에탄올로 발효된다. 또한 표면에 효소가 발현된 효모를 담체에 가두어 고정화하면 고농도로 유지되면서 바이오 에탄올을 연속적으로 생산할 수 있다.

바이오 디젤을 생산하려면, 보통 다양한 지방산으로 결합된 트리글리세라이드가 주성분인 콩기름, 팜유, 유채유, 자트로파유 등의 식물성 기

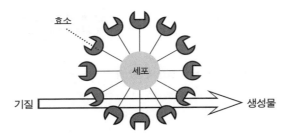

그림 7-9. 표면 발현에 의한 고정화

효소

세포

기질

생성물

름에 에탄올 또는 메탄올을 첨가해 주면서 지방 분해효소(lipase)로 가수
분해와 에스테르화시켜 바이오 디젤인 지방산 메틸에스터 또는 지방산
에틸에스터를 생산한다. 이 과정에서 지방 분해효소를 적절한 담체에 고
정화하여 충전층 생물반응기에 충전하고 일정한 양의 물과 기름을 흘려
주면 바이오 디젤이 연속적으로 생산된다. 표면 발현에 의한 연구는 효모
나 대장균을 유전자 조작에 의해 세포 표면에 지방 분해효소가 발현되게
하고, 세포를 담체에 가두어 고정화하여 충전층 생물반응기에서 조업을
할 수 있다.

이 밖에도 표면 발현을 이용한 고정화 기술은 효소뿐만 아니라 항체,
바이러스 등의 단백질을 발현시켜 질병 진단과 환경 진단 등에 응용할 수
있는 바이오센서 관련 연구에서도 많이 진행되고 있다(그림 7-9).

항생제의 예를 들면 현재 베타락탐계 항생제인 페니실린(penicillin)이
나 세팔로스포린(cephalosporin)은 병원균에 대한 항생제 내성 때문에 그
자체로 사용할 수 없다. 따라서 생물반응기에서 세포를 배양하여 이 항생
제들을 생산한 후에 효소 고정화 기술에 의해 구조들을 변형하여 항생제
중간체를 이용하고 있다. 이 항생체 중간체의 세계 시장은 매우 크며 화
학합성이나 세포 또는 효소에 의해 다양한 구조로 변형시켜 병원균의 내
성에 대항할 수 있는 다양한 항생제를 만들고 있다(그림 7-10).

결과적으로 각 생체 시스템마다 적합한 고정화 기술을 선택 또는 개발

그림 7-10. 고정화 효소에 의한 항생제 중간체 생산

하여 적합한 생물반응기에서 고농도 배양 또는 전환을 함으로써 생산성을 높일 수 있는 것이다. 고정화 생물반응기는 유전자 재조합 및 세포융합 기술과 함께 유용한 생명공학 제품을 만드는 데 필수적인 핵심 도구로서 이 기술의 응용 범위는 실로 광범위하다. 이 기술의 발전은 의약품, 식품, 화학 산업, 농업, 환경 등의 다양한 생물 산업 분야에 막대한 영향을 주었는데, 다양한 분야에 대한 활용성을 살펴보자(그림 7-11).

의약품 분야에서 생물반응기의 활용은 1944년 사상곰팡이(*Penicillium sp.*)의 대량 배양 기술을 확립하여 페니실린을 생산하면서부터 시작되었다. 초기에는 생산되는 페니실린의 농도가 너무 낮아 높은 농도의 페니실린을 생산할 수 있는 균주의 탐색과 최적 배양 조건을 확립함으로써 생산성이 향상되었고, 이러한 과정에서 개발된 생물반응기의 기본 개념은 미생물 및 동식물 세포에 의한 다양한 유용 물질들의 생산에도 적용되고 있는 것이다. 특히 고정화 기술이 발전함에 따라 유동층 반응기에서 사상곰팡이를 담체에 고정화하여 페니실린을 연속적으로 생산할 수 있고, 생산성도 크게 향상시킬 수 있다. 현재 고정화 생물반응기에 의한 대량생산이 시도될 수 있는 의학 분야의 품목으로는 호르몬(인슐린, 인체 성장호르몬), 항생제(테트라사이클린, 세팔로스포린), 항암제(인터페론, 인터루킨, 종양괴사 인자), 단일 항체, 혈전 용해제(유로키나아제), 증혈 인자(에리스로포에틴, 콜로니 자극 인자), 생약(베르베린, 인삼) 등이 있다.

그뿐만 아니라 약물 전달 시스템(drug delivery system)에서도 고정화 기술이 많이 이용되는데 몸속에 약물이 투여되었을 때 위산에 의해 파괴되

114

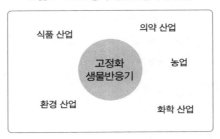

그림 7-11. 고정화 생물반응기의 활용

식품 산업　　　　의약 산업

고정화
생물반응기　　　농업

환경 산업　　　　화학 산업

어 약효를 잃을 수 있기 때문에, 이를 방지하기 위하여 캡슐화 등의 고정
화 기술을 이용한다. 캡슐화를 위한 물질로서 생체 고분자 물질을 이용하
며, 이는 몸에 투여되었을 때 약물이 파괴되지 않고 위를 지나 소장까지
접근하면서 약물이 천천히 캡슐로부터 방출되게끔 하는 것이다.

　식품 분야 제품으로 대표적인 것은 감미료(이성질화 당, 아스파탐, 프룩
토올리고당), 조미료(글루탐산, 라이신), 발효 식품(맥주, 청주, 장류, 식초) 등
이 있다. 이들 중 이성질화 당은 세균이 분비하는 이성질화 효소(글루코오
스 이소메라아제)가 포도당을 과당으로 전환시킴으로써 얻어진다. 과당은
저온에서 설탕의 1.6배 정도의 단맛을 나타내므로 시럽류의 제품으로 시
판되고 있는데, 이성질화 효소를 담체에 고정화하여 충진층 생물반응기
에서 연속 생산 조업이 가능하게 되었으며 세계적으로 약 수백만 톤이 제
조되고 있다. 또 하나의 품목으로는 아미노산류를 들 수 있는데, 글루탐
산, 라이신 등은 우리나라에서 세계 시장 총 생산량의 30% 정도를 공급하
고 있으며, 조미료, 감미료, 동물 사료의 첨가제로 이용된다. 이들 아미
노산류의 생산은 고정화 생물반응기에서 많은 연구가 진행된 상태이다.

　화학 산업 분야에서 화장품 원료 중 흥미로운 품목으로 색소와 향료가
있다. 식물 성분으로부터 추출되는 색소로 β-카로틴, 시코닌, 엽록소가
있다. 특히 시코닌은 식물의 뿌리에서 추출되는 색소인데 식물세포 배양
기술이 발전함에 따라 시코닌을 생물반응기 내에서 대량생산할 수 있게
되어, 이를 립스틱의 원료로 쓰고 있으며, 현재 고정화 기술을 도입하여

그림 7-12. 노린재 동충하초(좌)와 벌 동충하초(우)

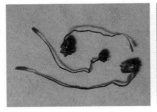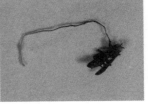

연구가 진행되고 있다. 식물세포 배양에 의한 알칼로이드류 생산은 주로 유동층 반응기에서 이루어지고 있다.

농업 분야에서 대표적인 응용 분야로서 생물 농약 중 미생물 농약을 개발하기 위해 고정화 기술을 이용한다. 곤충 기생균인 동충하초의 포자가 다양하게 개발되고 있는데, 이 곰팡이의 포자가 해충에 감염되어 사멸하는 원리를 이용한 것이다. 동충하초는 버섯류와 같은 곰팡이의 일종으로서 생김새는 버섯류와 전혀 다르지만 거의 같은 생활사를 갖는다. 동충하초(冬蟲夏草)는 겨울에 곤충 등의 몸속에 기생하고 있다가 여름에 곤충 등의 내용물을 영양분으로 이용하여 풀처럼 곤충류의 몸 밖으로 성장하기 때문에 지어진 이름이다. 곤충류의 몸속에서 성장할 때에는 실처럼 가지를 치면서 자라는데 이를 균사라 한다. 또한 이들 균사들의 집합체를 균사체라 한다. 여름에 온도와 습도가 알맞을 때 이 균사체로부터 버섯의 몸체 같은 자실체가 성장한다. 자실체의 맨 위에는 머리 부분이 있는데 여기에 생성된 포자들이 붙어 있다. 이 포자들은 바람에 날리거나 곤충류의 몸에 붙어 몸속으로 침입하여 성장한다(그림 7-12). 생물반응기에서 포자를 대량생산하고 회수하여 제제화를 하는 데 고정화 기술을 이용한다. 이 고정화된 포자를 식물 농장이나 비닐하우스 등에 이용하면 합성 농약의 사용량을 줄여 환경적으로 유익하다. 포자를 담체에 가두는 방법을 많이 쓰는데, 포자가 유지되도록 영양분과 자외선 차단제를 섞어 고정화한 후 재배하는 식물에 뿌려 주면 해충을 죽일 수 있다. 현재는 합성 농약과 미생물 농약을 섞어서 쓰기도 한다.

현재 매우 중요한 분야로 인식되고 있는 환경 분야에서는 생물반응기를 이용하여 많은 문제를 해결할 수 있다. 수질오염 방지, 폐기물 처리, 해양오염 처리, 청정 기술 및 환경 제품의 생산 등이 있다. 특히 생분해성 플라스틱류 및 무공해 농약의 생산, 난분해성 물질의 분해 및 악취 제거 등에 많은 연구가 집중되고 있으며, 주로 고정화 생물반응기를 이용한 폐수 처리 및 악취 제거 공정 등이 개발되어 있다.

제8장
생명공학 제품의 생물 분리 개념과 제제화 이야기

조선 시대 말을 배경으로 한 어떤 드라마에서 곰팡이를 배양하고, 배양액으로부터 항생제로 추측되는 물질을 단순히 추출하고 혈관에 투여하여 환자의 질병을 치료하는 장면을 본 적이 있다. 그 시대의 과학적 지식으로는 획기적인 것으로 보이지만 사실상 정제가 순수하게 되지 않았기 때문에, 부작용이 심각해 환자는 물론이고 결국 주인공을 포함해 모두 사망하면 어떡하나 하고 걱정한 적이 있다. 용도에 따라 다르긴 하지만 그만큼 분리와 정제는 생명공학 분야에서 매우 중요한 부분 중의 하나이다.

제6장과 제7장에서 세포를 대량 배양하여 생산물을 얻거나 효소를 이용하여 한 물질을 다른 물질로 생물 전환시키기 위한 생물반응기와 고정화 기술에 대해 알아보았다. 생물반응기에서 원하는 생산물이 생산되었지만 이제부터는 이 생산물을 다른 물질로부터 분리하는 과정이 필요하다. 제5장에서 간단하게 설명하였지만 좀더 세부적인 개념을 알아보기로 한다. 여기에서 다른 물질이란 세포 자체, 미반응 영양분, 부산물 등이 될 수 있다. 따라서 최종 생산물을 분리하는 데 필요한 방법 또는 분리의 수월성 등은 최종 생산물의 특성에 따라 달라진다. 예를 들면 이전에 생산물의 종류에 관해 언급하였지만 일반적으로 생산물은 세포 자체 또는 대사물이 될 수 있다. 만약 생산물이 세포 자체라면 생물반응기에 포함되어 있는 액체배양액으로부터 세포만 분리하면 된다. 그러나 생산물이

대사물이라면 활성이 좋은 균주를 이용하여 생물반응기에서 원하는 생산물을 생산할 때 대부분의 생산물은 액체 배지 속으로 분비되어 액체배지 속의 다른 부산물과 섞인다. 따라서 이러한 경우는 세포를 먼저 분리하고 액체 배지 속에 포함되어 있는 여러 물질들로부터 원하는 물질만을 분리해야 하므로 과정이 더 복잡하다. 세포에 의해 생산된 생산물은 일반적으로 생물반응기 내의 수용액에 낮은 농도로 존재하기 때문에 원하는 물질만을 분리하는 일이 쉽지 않다. 어떤 생산물의 경우는 세포 안에 축적되기도 한다. 세포의 유전자 조작을 통하여 재조합 단백질을 생산할 때가 바로 그렇다. 이 경우에는 우선 세포를 분리하고 세포 안에 포함되어 있는 생산물을 회수해야 하는데 이를 수행하기 위해서는 세포벽이나 세포막을 파쇄한 후 안에 있는 생산물을 회수하는 것이 일반적인 방법이다. 이와 같이 다양한 생산물의 특성, 용도 및 가격 등에 따라 분리의 난이도와 필요한 방법은 달라진다. 그뿐만 아니라 최종 생산물을 미생물, 식물 또는 동물에서 생산 또는 추출했을 때 각각 다른 방법들이 이용될 것이며, 최종 생산물과 부산물의 물리적·화학적 특성 및 농도에 따라서도 효율적인 생물 분리를 위해 각기 다른 설계가 필요하다(그림 8-1).

이러한 생물 분리의 기본 원리는 원래 화학 및 생화학 실험실로부터 화학 공정까지 다양한 물질들을 분리하기 위한 단위 방법들 및 공정들로부터 유래되었고, 오랜 기간 동안 그대로 또는 변형하거나 새로운 분리 방법을 개발함으로써 생명공학 제품에 맞는 방법들이 확립되었다. 이 장에서는 세부적인 공정보다는 가능하면 이해하기 쉽도록 개념적으로 설명하기로 한다.

가장 중요한 것은 다양한 분리 방법을 이용하는 데 있어서 최대의 수율과 생산성을 얻기 위해 가능한 한 단계 수를 줄이고 비용이 저렴한 방법부터 이용해야 한다. 생명공학 제품의 일반적인 특성은 최종 생산물이 생물반응기 안에서 워낙 희석된 상태로 존재하기 때문에 효율적인 분리를 위해 적합한 분리 방법을 잘 선택해야 한다. 그리고 생물반응기에서 회수한

그림 8-1. 생물 분리에서 생산물의 종류

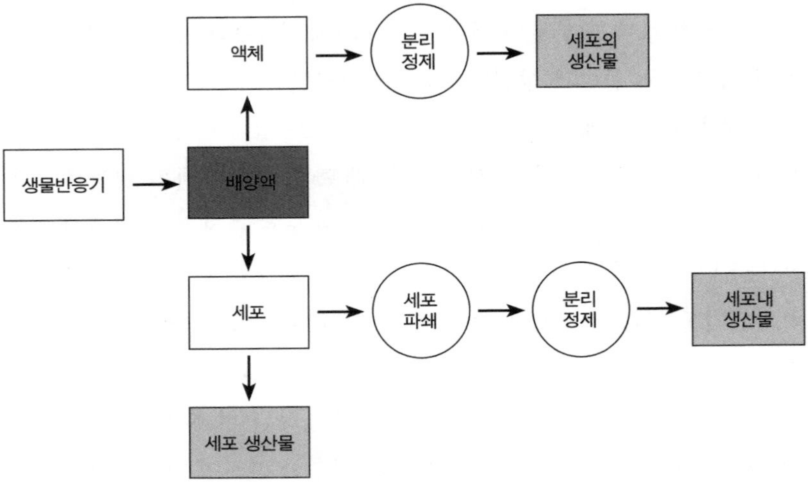

최종 생산물은 외부 조건이나 다른 부산물과의 반응 등에 의해 분해될 수 있기 때문에 최적 온도 및 pH 조건을 유지하면서 가능한 한 빨리 생물 분리 단계를 거쳐 분리되어야 한다(그림 8-2).

　산업적인 규모에서는 생물반응기의 부피가 커서 생산된 최종 생산물을 분리하는 시간이 오래 걸리기 때문에 정제 효율성이 감소하고 수율도 감소한다. 또한 분리를 위한 용매나 물질들도 많이 필요하기 때문에 비용이 증가한다. 전체적인 비용을 줄이기 위해서는 생물반응기에서 사용되지 않고 남은 기질을 재사용하는 것을 고려해야 하고, 최종적으로는 환경적인 면에서 폐기물이나 폐수를 경제적으로 처리해야 한다.

　앞에서 언급한 바와 같이 생산물을 분리하는 기본적인 개념은 주로 고체(세포)와 액체(세포를 제거한 여과액)를 분리하거나 액체 내에 용해되어 있는 생산물을 분리하는 데 있다. 또한 이러한 분리를 통해 어느 정도의 순수도를 얻어야 하는지는 생산물이 어떠한 용도로 쓰이는가에 따라 천차만별이다. 특히 원하는 생산물의 순수도에 따라 분리 비용도 차이가 많이 나므로 분리의 순서와 몇 단계가 필요한가를 신중하게 생각해야 한다.

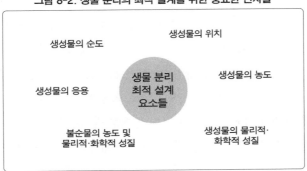

그림 8-2. 생물 분리의 최적 설계를 위한 중요한 인자들

가능하면 비용이 상대적으로 적게 드는 방법을 이용하거나 연속적으로 처리해야 하는 과정의 수를 최소화해야 하는 것도 중요하다. 특히 생물 분리 공정은 화학 분리 공정에 비해 공정 단계가 많아져 생산물이 쉽게 손상이 될 수 있기 때문에 주의를 요한다.

그러면 세포를 분리하는 방법, 액체 배지 중 필요한 생산물만을 분리하는 방법, 세포 내에 축적된 생산물을 분리하는 방법 등에 대해 알아보자. 옛날에 우리 선조들이 동동주를 담글 때 효모들이 중력의 작용으로 용기 바닥에 침전되거나(settling), 효모들이 부력의 작용 때문에 액체 표면에 둥둥 뜨면(floating) 효모들을 쉽게 분리할 수 있는데, 이는 전통적인 방법으로 알려져 있고 지금도 양조나 폐수 처리에 이용되고 있다. 세포를 분리하는 가장 일반적인 방법은 여과(filtration)와 원심분리(centrifugation)이다. 이 방법들을 이용하기 전에 효율적으로 세포를 분리하기 위해 배양액에 포함되어 있는 세포를 응집시키는 전처리 과정(broth conditioning)을 거친다. 여과 중에서 가장 간단한 방법은 실험실에서 동그란 모양의 여과지를 이용해 압력을 걸어 고체와 액체를 분리하는 방법이다. 만약 고체가 세포라면 여과하려는 세포의 크기가 여과지가 갖고 있는 기공의 지름보다 커야 여과가 가능할 것이다. 여과는 입자의 크기를 바탕으로 압력 차에 의해 물질을 분리할 수 있다. 여과는 예로부터 깨끗한 물을 얻기 위해 이용되었으며, 양조 제조 기술에 있어서도 매우 중요한 과정이다. 여과에 영향을 미치는 주요한 요소들로는 분리하고자 하는 물질의 크기, 모양, 점도, 밀도, 고체 함유량, 규모 등이 있다. 세포를 분리하기 위해 가장 널리 쓰이는 여과기로는 가압 여과기(filter press) 및 회전 드럼 여과기(rotary drum filter) 등이 있다. 현재 양조 효모 및 빵 발효 효모는 이러한 여과 방법에 의해 분리되어 그대로 크림 형태로 팔리는 경우도 있고 건조 후 파우더 형태로 팔리기도 한다. 물론 여과는 대규모화된 장치에서 수행된다. 원심분리는 고체와 액체의 밀도 차이에 의해 분리하는 시스템이고 이러한 장치를 원심분리기(centrifuge)라고 한다. 여과 시스템의 사용이 여의치 않을 때 이 원심분리기를 사용한다. 세계 최초의 원심분리기는 스웨덴의 공학자 구스타프 드 라발(Gustaf de Laval, 1845-1913)에 의해 우유 크림을 분리하는 목적으로 개발되었다. 이후 원심분리기는 지속적으로 개발되어 회전 속도에 따라 저속 원심분리기, 고속 원심분리기, 초원심분리기(ultracentrifuge)로 나눌 수 있다. 특히 초원심분리기는 클로이드 용액뿐만 아니라 세포의 다양한 성분들을 분리할 수 있어 생명공학 분야 연구에 많이 쓰이고 있다. 초원심분리기는 스웨덴의 화학자인 스베드베리(Theodor Svedberg, 1884-1971)에 의해 개발되었으며, 단백질과 같은 고분자 물질을 분리하고 분자량을 측정한 것으로 유명하다. 1926년 분산계에 대한 연구와 초원심분리기 발명의 공로로 노벨 화학상을 수상했다. 참고로 스베드베리(svedberg(S)) 단위는 콜로이드 입자의 침강상수 단위로 10^{-13}초를 의미한다. 스웨덴 웁살라대학교에 그의 이름을 딴 스베드베리 연구소가 있다. 여과 장치에 비하면 비용이 훨씬 더 들지만 속도가 빠르고 효율적인 시스템으로 알려져 있다(그림 8-3).

액체 배지 중 필요한 생산물을 얻으려면 우선 세포를 분리하고 나머지 액체로부터 원하는 물질을 분리해야 한다. 일반적으로 세포가 대사물을 액체 배지로 분비하는 경우이고, 이러한 대사물 중 상업화된 대표적인 예를 들면 에탄올, 아미노산, 유기산, 효소, 항생물질 등이 있다.

그림 8-3. 여과 장치(좌)와 원심분리(우)

필터

마이크로, 울트라 필터 시스템

가장 간단한 예는 에탄올과 같이 물과 끓는 점이 다른 원리를 이용하여 쉽게 분리할 수 있다. 생물반응기에서 효모를 배양하여 에탄올 발효한 배양액에서 효모와 일부 불순물인 고체를 분리하면 물, 에탄올, 그 밖에 소량의 부산물이 남는다. 이러한 혼합물에서 에탄올을 회수할 수 있는 대표적인 방법이 끓는점의 차이를 이용한 증류법(distillation)이다. 이 증류법에 의해 약 95% 정도의 에탄올 농축액을 얻을 수 있다. 기질을 전분을 이용했을 경우 농축액을 주정이라 하고 섬유소 물질 등을 이용했을 경우는 자동차 수송용 연료로 쓰인다(그림 8-4). 만약 무수 에탄올을 얻고 싶으면 남아 있는 물을 제거해야 하는데, 이는 증류법으로는 어렵고 막(membrane)을 이용한 초여과(ultrafiltration)나 다공성 흡착제를 이용한 흡착법(adsorption)으로 제거할 수 있다.

막은 일반적으로 수용액 중의 특정한 크기의 물질을 분리하고 농축하는 데 이용된다. 그래서 생물반응기에 막을 붙여서 세포나 효소를 가두고 생물반응을 연속적으로 수행하는 데 쓰이기도 한다. 또는 막 자체를 변형시켜 생물반응기로 이용하기도 한다. 이러한 막의 기본적인 원리는 수압의 차이에 의한 분리 농축이다. 신장 투석에 쓰이는 막은 농도의 차이에 바탕을 두고 분리한다. 막을 이용하여 물질을 분리 농축할 때 고려해야 할 사항으로는 단위면적당 어느 정도의 유량(flux)을 유입시켜 분리 농축할 수 있는지를 알아야 한다. 또한 막의 기공에 물질들이 쌓여 완

그림 8-4. 증류 장치

전히 또는 일부가 막히거나, 더 작은 물질들이 기공을 덮거나 하는 경우가 많은데(fouling), 이러한 물질들을 물리적 또는 화학적 방법으로 제거할 수 있어야 한다. 막은 다른 미생물에 의해 오염될 수 있으므로 멸균할수 있는 재질로 만들어져야 하며, 경제적으로 사용하려면 수명도 길어야한다. 막의 재질은 보통 다양한 고분자 물질로 만들어지는데, 표면이 소수성을 띄어 소수성을 띤 단백질이 결합하여 기공이 쉽게 막힐 수 있으므로 막의 표면이 친수성을 갖게 변형하기도 한다. 막의 평균적인 기공의크기는 $0.001-0.02\mu m$ 정도로, 평균 기공 크기가 약 $0.02-10\mu m$인 일반적인 여과 장치에 비하면 기공의 크기가 상당히 작고 일정한 편이며 사용압력도 훨씬 높다. 또 한 가지 두드러진 특성은 교차 흐름 여과(cross-flow filtration) 방식으로 수행된다. 많이 쓰이고 있는 막의 종류에는 평막(plate and frame membrane), 중공사막(hollow fiber membrane), 와권형막(spiral wound membrane) 등이 있다. 실험실에서는 주로 평막이 많이 이용되며 중공사막은 폐수 처리 등에, 그리고 와권형막은 해수 담수화에 이용되고 있다. 이러한 막들을 폐수 처리나 해수 담수화에 이용할 수 있는 것은 상대적으로 장치가 단순하여 대규모화가 쉽기 때문이다(그림 8-5).

　흡착은 일반적으로 항생물질이나 작은 분자 물질들의 농축과 정제를

그림 8-5. 막의 종류

중공사막

와권형막

평막

위한 방법으로, 고체상의 물질(흡착제)에 일정한 양의 물질이 흡착된다. 물리적 흡착과 화학적 흡착으로 나눌 수 있다. 물리적 흡착은 분자 간의 약한 상호 인력에 의해 생기며, 화학적 흡착은 화학결합에 의해 생긴다. 대부분의 분리 공정은 물리적 흡착에 의해 이루어진다. 보통 흡착에는 표면적이 큰 다공성의 물질들이 쓰이며 기체나 액체의 혼합물을 분리하거나, 생물 제품을 정제하거나 불순물을 제거하는 목적으로 쓰인다. 환경 분야에서는 공기 정화 및 폐수 처리를 위해 많이 쓰이고 있다. 흡착 분야에서 유명한 연구자로 단분자층 흡착의 개념(랭뮤어의 흡착등온식)을 제창한 미국의 물리학자인 어빙 랭뮤어(Irving Langmuir, 1881-1957)가 있다. 랭뮤어는 계면 화학 연구로 1932년 노벨 화학상을 수상하였다. 시중에서 유통되는 작은 크기의 김 제품 속에 들어 있는 흡착제 모양을 보면 매우 작은 구슬 형태이다. 이 구슬들은 표면이 다공성이어서 표면적이 매우 넓으므로 습기가 표면에 흡착됨으로써 김이 눅눅해지지 않는다. 흡착제의 종류로는 앞에서 언급했던 고정화 담체와 비슷하게 실리카, 알루미나, 활성탄 등의 무기물질, 덱스트란, 폴리스티렌 등과 같은 고분자 유기물질, 그리고 유기물질과 무기물질이 혼합된 혼합 물질 등이 이용된다(그림 8-6).

이와 같이 물질들의 물리적 또는 화학적 성질을 잘 이용하면 원하는 물질을 분리할 수 있다.

그림 8-6. 흡착에 사용되는 물질들

고분자 유기물질	혼합 물질	무기물질
덱스트란, 폴리스테린 등	유기물질 + 무기물질	실리카, 알루미누, 활성탄 등

생물반응기에서 어떤 세포에 의해 생산된 효소가 액체 배지로 분비되었다고 가정하자. 대부분의 효소는 물에 용해되기 때문에 액체 배지에 용해되어 있는 효소를 분리하면 된다. 마찬가지로 세포를 먼저 분리하고 나머지 액체에 암모늄설페이트($(NH_4)_2SO_4$)와 같은 염을 일정한 농도로 조금씩 첨가하면 단백질인 효소는 불안정해져 바닥으로 침전된다. 침전된 단백질은 100% 순수한 효소가 아니고 아직도 다른 효소 또는 단백질들이 혼합되어 있기 때문에 용도에 따라 이 정도로 부분 정제된 상태로 효소가 포함된 침전된 단백질을 다시 액체 상태로 만들거나 건조 후 파우더 형태로 상품화한다. 여기에서 효소의 순도를 더 높이려면, 원하는 효소의 분자량을 고려하여 적절한 초여과막 키트를 이용해 상당히 높은 효소의 활성을 얻을 수 있다. 이 밖에 아세톤, 메탄올, 에탄올과 같은 용매를 이용하여 효소를 추출할 수도 있다. 추출(extraction)은 고체 또는 액체 상태의 물질에서 어떤 특정한 성분을 용매를 이용하여 분리하는 방법이다. 시료가 고체인 경우는 고-액 추출 또는 침출(leaching)이라고도 하며, 시료가 액체인 경우에는 액-액 추출이라고 한다. 때로는 혼합되지 않는 2종류의 용매로써 각각의 용매에 대한 용해도 차이를 이용하여 분리하기도 한다. 생명공학 제품 중 의약품의 경우 용매로서 가격이 저렴하고 추출 능력이 우수한 메탄올을 가장 많이 사용하며, 최근에는 식품과 의약품 산업분야에서 초임계 유체에 의한 추출도 많이 활용되고 있다. 시스템에 맞는 적절한 유기성 용매들을 이용하면 효소 상호 간의 정전기적 인력을 바탕으로 하여 효소를 효율적으로 추출할 수 있다. 여기에서 주의해야 할 것은 조업 온도를 0~5℃로 유지해야 효소 단백질의 구조가 안정하게 유지된다는 것이다. 만약 온도가 10℃ 이상이 되면 단백질의 3차원적인 구조가

완전히 해체되어 버리고 만다. 이 외에도 고분자 물질을 이용하여 효소를 추출할 수도 있다. 이 중 잘 알려진 방법으로 수용성 이상계 추출(aqueous two-phase extraction 또는 partitioning) 방법이 있다. 이 방법은 단백질, 효소, 세포와 세포 기관, 그리고 바이러스 등을 원래 상태로 보존하면서 분리할 수 있다. 그뿐만 아니라 세포 내 성분을 분리하기 위해 세포 파쇄 후 생기는 핵산, 다당류 및 세포 찌꺼기 등도 제거할 수 있다. 보통 혼합되지 않는 2종류의 수용성 고분자 물질을 이용하거나, 서로 혼합되지 않는 1종류의 고분자 물질과 높은 이온 세기를 갖는 염 용액을 같이 이용한다. 이 경우 2개의 층이 생겨 한 층에는 고체가, 다른 층에는 용해성 성분이 분리될 수 있다. 대표적인 예로 세포 파쇄 후 폴리에틸렌글리콜(polyethyleneglycol, PEG)과 덱스트란(dextran)을 이용할 수 있다. 각 성분을 높은 농도로 이용할 때 혼합되지 않고 용기의 위층(PEG층)에는 용해성 성분이 분리되고, 아래층(덱스트란 층)에는 세포 찌꺼기가 분리될 수 있다. 또한 PEG-인 (phosphate) 시스템으로써 세포 배양액에서 효소를 분리하는 데 이용할 수 있다. 세포 배양액에 PEG와 인을 투입하면 위층(PEG층)에 효소가 분리되고, 아래층(인 층)에는 세포가 분리된다. 이 후 분리할 효소는 초여과막에 의해 농축되고, PEG는 회수하여 다시 사용할 수 있다(그림 8-7).

만약 진단용 또는 치료용과 같은 의약용 효소라면 위의 상태에서 순수도가 더 높아야 하기 때문에 효소의 구조 및 성질을 잘 알아야만 분리할 수 있고 주로 이 단계부터는 다양한 원리를 바탕으로 액체 크로마토그래피(liquid chromatography)의 응용이 필요하다. 분리의 초기 단계는 화학 분리 공정과 마찬가지로 여과, 원심분리 및 추출 등이 빈번하게 이용되지만, 순수 분리를 위한 최종 단계에는 주로 크로마토그래피 방법이 많이 쓰이고 있다. 크로마토그래피 방법은 분리하려는 물질이 어느 정도 농축되고 불순물들이 거의 제거되었을 때 이용된다. 그렇지 않으면 비싼 칼럼이 막혀 뜻하지 않은 비용이 많이 들 수도 있다. 액체 크로마토그래피의 기본 원리는 전하의 다름을 이용하는 이온(ion) 크로마토그래피, 물질 표

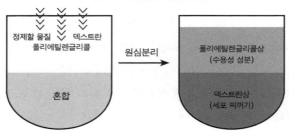

그림 8-7. 수용성 이상계 추출

정제할 물질 / 덱스트란
폴리에틸렌글리콜

혼합

원심분리 →

폴리에틸렌글리콜상
(수용성 성분)

덱스트란상
(세포 찌꺼기)

면의 소수성을 이용하는 소수성 상호 반응(hydrophobic interaction) 크로마
토그래피, 물질의 작용기들의 결합을 이용한 친화성(affinity) 크로마토그
래피, 물질의 크기와 모양을 이용하는 젤(gel) 크로마토그래피 등이 있다
(그림 8-8).

이온 크로마토그래피에는 2가지 종류가 있는데, 비드 표면에 양전하
를 띠고 있는 기들이 붙어 있어 음전하를 띠고 있는 물질들을 흡착시킬 수
있는 음이온 교환 수지(anion exchangers)와 비드 표면에 음전하를 띠고 있
는 기들이 붙어 있어 양전하를 띠고 있는 물질들을 흡착시킬 수 있는 양이
온 교환 수지(cation exchangers)가 있다. 분리하려는 물질들이 흡착되면 나
트륨이 포함된 완충 용액을 이용하여 이 물질들을 회수할 수 있다. 이 방
법은 상대적으로 다른 크로마토그래피 방법들보다는 값이 저렴하고 사
용하기가 쉬우며 대규모화도 용이하다. 보통 단백질을 분리할 때 대부분
의 단백질은 음이온을 띠고 있기 때문에 음이온 교환 수지를 많이 이용한
다. 교환 수지로 이용하는 담체는 보통 단단하고 불활성이며 다공성의 물
질이다.

소수성 상호 반응 크로마토그래피(HIC)는 비드 표면에 소수성을 띠는
기를 붙여 분리하고자 하는 소수성 물질들이 공유 결합함으로써 분리할
수 있다. 일부 아미노산들이 소수성을 띠므로 단백질 표면에 이 소수성을
띠는 아미노산들이 위치해 있어 상호 반응에 의해 분리할 수 있다. 일반
적으로 제약 산업, 폐수 처리 등에 많이 이용된다.

그림 8-8. 크로마토그래피

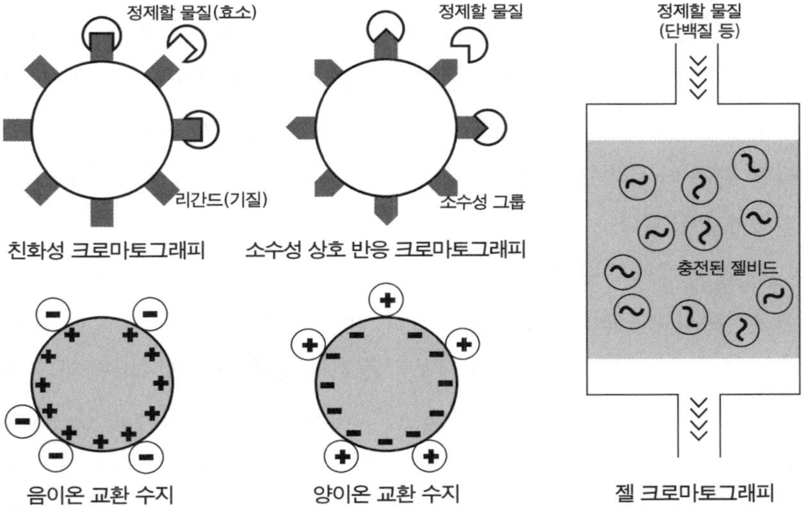

정제할 물질(효소)

리간드(기질)

친화성 크로마토그래피

정제할 물질

소수성 그룹

소수성 상호 반응 크로마토그래피

정제할 물질
(단백질 등)

충전된 젤비드

젤 크로마토그래피

음이온 교환 수지

양이온 교환 수지

　친화성 크로마토그래피는 비드 표면에 다양한 리간드를 고정화시켜 분리할 물질들이 리간드와 결합함으로써 회수할 수 있다. 예를 들면 비드 표면에 리간드로서 기질을 붙이면, 이 기질과 특이성이 있는 효소가 작용함으로써 효소만을 회수할 수 있다. 이러한 반응들은 기질과 효소뿐만 아니라 수용체와 호르몬, 그리고 항원과 항체 반응을 이용할 수 있다. 따라서 이 방법은 매우 선택적인 방법이라 할 수 있다. 칼럼에서 반응시킨 후 적절한 완충 용액으로 결합하지 않은 물질들을 씻어내고, 다른 완충 용액으로 결합된 물질들을 회수할 수 있다.

　젤 크로마토그래피는 젤 여과(gel filtration) 크로마토그래피, 크기 배제(size exclusion) 크로마토그래피, 또는 분자체(molecular sieving)와 같이 여러 가지 용어로 사용된다. 담체로 다공성 젤 비드를 이용하는데, 보통 고분자 물질들을 가교제로 처리하여 제조한다. 비드 안에 작은 미로들이 있어 크기가 작은 물질들은 이 미로를 통과하는 데 시간이 오래 걸린다. 그리고 이 미로를 통과하지 못하는 크기가 큰 물질들은 짧은 시간 안에 칼럼

생명공학 제품의 생물 분리 개념과 제제화 이야기　129

을 통과하여 곧바로 나오게 된다. 이러한 원리를 이용하여 물질들을 분리할 수 있다. 상대적으로 다른 크로마토그래피 방법에서 사용하는 담체에 비해 가격이 매우 비싸고 적은 분자량의 염까지 정교하게 분리할 수 있으므로 일반적으로 최종 단계에 사용하는 경우가 많다. 보통 항생물질을 분리할 경우 마지막 단계에서 평균 3-5단계의 크로마토그래피 방법이 적절하게 운용된다.

　세포 내에 축적된 생산물의 분리는 재조합 단백질이 생산물인 경우가 대부분이다. 생산물이 세포 내에 있기 때문에 우선 세포를 분리한 후 파쇄해야 한다. 세포의 세포벽과 세포막을 파쇄해야 하는데 어떠한 파쇄 방법을 이용하는가는 생산물이 주로 세포 내의 어디에 위치하고 있는지에 달려 있다. 세포를 파쇄하는 장치에는 여러 종류가 있다. 예를 들면 약국에서 약을 제조할 때처럼 막자와 막자 사발을 이용하여 가루로 만드는 방법이 있다. 또한 안경점에 안경에 붙어 있는 불순물을 제거할 때처럼 초음파를 이용하기도 한다. 이러한 비슷한 원리로 세포를 파쇄하기도 하고 믹서의 원리를 활용하기도 한다. 또는 세포들을 작고 긴 통로를 통과시킬 때 압력을 걸어 파쇄하는 원리도 있다. 용기 안에 작은 유리구슬 등을 넣어 회전시켜서 유리구슬들이 서로 부딪힐 때도 그 사이에 있던 세포가 파쇄된다. 생산물의 특성에 따라 생산물에 가장 손실이 적은 파쇄 방법을 선택해야 한다. 세포를 이러한 방법으로 파쇄한 후 작은 조각으로 깨진 세포 찌꺼기들을 남김없이 제거해야 한다. 이 후 연결된 정제 단계들은 단백질 정제 경우와 같이 특정 단백질의 특성에 따라 효율적으로 설계해야 한다(그림 8-9).

　재조합 단백질을 얻었다 하더라도 이 상태의 단백질 대부분은 제대로 활성을 갖고 있지 못하다. 다시 말하면 단백질의 구조를 재접힘(refolding)을 통해 활성을 갖는 구조를 만들어 주어야 하며 이 과정에서 연속적인 막 또는 크로마토그래피에 의한 정제가 필요하다. 따라서 이러한 종류의 생산물은 주로 고부가가치 생산물이며 분리와 정제 비용이 앞의 두 경우에

비하면 훨씬 많이 든다. 따라서 생산
물의 가격도 매우 비싸다.

그림 8-9. 세포 파쇄기

이 밖에 실험실에서 DNA, RNA, 단백질 등의 생체 고분자를 분석하고 분리 정제하는 중요한 방법으로 전기 영동(electrophoresis)이 있다. 모든 생체 고분자가 크기와 모양에 따라 그 자체의 전하를 띠고 있기 때문에, 일정한 전기장에 놓으면 각각 다른 속도로 이동하여 분리되는 원리이다. 초기에는 분리를 위한 지지체로서 설탕 용액을 이용하였지만 현재는 아크릴아마이드(acrylamide)나 아가로스(agarose) 젤을 가장 많이 이용한다. 분리하려는 물질의 분자량과 등전점(isoelectric point)을 정확하게 결정하기 위해 보통 SDS(sodium dodecyl sulphate) 전기 영동과 등전압 초점 맞추기(IEF: isoeletrofocusing)를 많이 사용한다. 여기에서 등전점 pI는 순전하가 0일 때의 pH값이고, IEF는 등전점의 차이에 따라 물질들을 분리할 수 있다. 이 방법은 매우 간단하고 비용이 저렴하며 한꺼번에 여러 시료들을 분석할 수 있다. 또한 높은 민감도를 가지며 밴드 모양의 명확한 결과를 얻을 수 있고, 효소나 면역학적인 방법을 응용할 수도 있다. 폴리아크릴아마이드 젤을 이용한 전기 영동을 가장 많이 이용하며, 이를 PAGE(polyacrylamide gel electrophoresis)라고 부른다. 이를 지지체로 이용하여 분리된 물질들의 밴드가 생겼을 때 눈으로 확인하기 위하여 보통 코마시블루(coomassie blue(Brilliant))나 은(silver)에 의한 염색 방법을 쓴다. SDS-PAGE에서 음이온 세제인 SDS는 단백질을 단위체(subunit)로 분리시켜 밴드 모양으로 나타나게 한다. 따라서 일반적인 아크릴아마이드 젤에서는 단백질 자체가 밴드로 나타나지만, SDS-PAGE에서는 단백질이 분리된 단위체가 밴드로 나타나 많은 정보

그림 8-10. SDS-PAGE를 이용한 단백질 분자량 분석

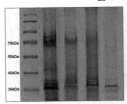
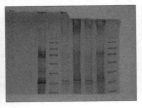
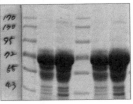

를 알 수 있다(그림 8-10). SDS-PAGE와 IEF 방법을 동시에 이용하면 2차원 젤 전기 영동이 되는데, 각각의 방법을 이용했을 때보다 훨씬 더 우수한 결과를 얻을 수 있다.

　DNA와 RNA 전기 영동의 기본적인 원리는 단백질 전기 영동과 같지만, SDS를 사용하지 않는다. 이중 가닥과 단일 가닥을 분석할 때 조금 다르긴 하지만 폴리아크릴아마이드 젤의 조성과 젤을 중합할 때 우레아(urea) 및 포름아마이드(formamide)의 유무 등이 다르다. 염기서열을 확인할 때는 핵산을 염색하는 브로민화 에티듐(EtBr: Ethidium bromide)을 이용한다(그림 8-11).

　정제 단계에서 끝맺음 단계를 "polishing"이라 부른다. 끝맺음 단계에서 중요한 단계들로는 결정화(crystallization)와 건조(drying)가 있다. 결정화는 식품 및 제약 산업에서 고순도의 생산물을 분리 정제하기 위한 중간

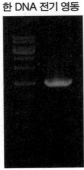

**그림 8-11.
아가로스 젤을 이용
한 DNA 전기 영동**

또는 최종 단계로 이용된다. 효율적인 결정화를 위해 물질에 대한 최적화 조건을 확립해야 하며, 특히 열에 민감한 물질들은 낮은 온도에서 조업해야 한다. 기본적으로 생산물의 특성은 결정 핵의 생성, 성장, 그리고 응집에 의존한다. 하지만 결정 입자의 특성은 결정 크기의 분포도, 결정의 구조와 형태, 순도, 수율 등에 따라 달라질 수 있다. 따라서 최종 산물은 복잡한 결정화 조건에 따라 소금과 설탕처럼 다양한 결정 구조를 얻을 수 있으며, 제약 산업에서는 결정의 구조에 따라 약

그림 8-12. 결정화 장치

효가 달라지는 경우를 볼 수 있다. 결정화를 위한 조업은 보통 결정화기 (crystallizer)에서 회분식 또는 연속식으로 이루어지는데, 이는 교반식 반 응기 또는 유동층 반응기와 혼합된 교반식 반응기 원리를 응용한 것이다 (그림 8-12).

건조는 생명공학 분야에서 미생물 또는 생명공학 제품의 제조 공정에 서 최종 단계로 이용된다. 일반적으로 열에 민감한 생산물은 낮은 온도에 서 장시간 건조시키고, 열에 크게 민감하지 않은 생산물은 높은 온도에서 단시간 건조시킨다. 생산물을 건조시키면 수송비가 절감되고, 다루기가 쉬울 뿐만 아니라 포장하기 쉽고, 장기간 보존 또는 유통할 수 있는 장점 이 있다. 건조기의 종류에는 진공선반 건조기(Vacuum-tray dryer), 동결 건 조기(Freeze dryer), 분무 건조기(Spray dryer), 회전 드럼 건조기(Rotary drum dryer), 기류 건조기(Pneumatic conveyor dryer), 진공 회전 건조기(Vacuum rotary dryer) 등이 있다(그림 8-13).

진공 선반 건조기는 제약 산업에서 많이 이용되며 적은 양의 값비싼 생 산물을 건조할 때 약효에 대한 손실이나 열에 의한 파괴를 최소화할 수 있 는 장점이 있다. 동결 건조기는 미생물이나 효소, 그리고 항생물질 현탁 액으로부터 물을 얼려 승화시키면서 진공 상태에서 건조하는 방법으로 식품 산업에서도 많이 이용된다. 분무 건조기는 열에 민감한 생산물을 건

그림 8-13. 건조 장치

열풍 건조기   동결 건조기

조하기 위해 많이 이용된다. 유동층 반응기를 응용한 것으로 건조기 윗부분에 노즐 장치가 있어 생산물 현탁액이 이를 통해 분무되고, 건조기 아래 부분으로부터 공급되는 뜨거운 가스를 만나면서 수 초 내에 액체가 증발하고 건조된 생산물은 바닥으로 떨어져 모이게 된다. 생명공학 제품의 종류에 따라 다양한 크기의 분무 건조기를 사용한다. 회전 드럼 건조기에 증기로 가열된 2개의 드럼 사이로 생산물 현탁액을 투입하면 2개의 드럼이 안쪽으로 회전하면서 물은 증발하고 드럼 표면에 건조된 생산물이 붙는다. 이 생산물은 드럼의 바깥쪽에 위치한 칼날에 의해 아래쪽으로 떨어져 쌓이므로 이를 회수할 수 있다. 열에 민감한 생산물은 적합하지 않다. 기류 건조기는 뜨거운 공기를 이용하여 건조시키는데, 열에 민감하거나 산화가 잘되는 생산물을 수 초 안에 건조시킬 수 있다. 그러나 생산물이 건조기의 긴 통로를 빠른 순간에 지나기 때문에 크기가 큰 다공성의 생산물에는 적합하지 않다. 진공 회전 건조기는 콘 모양의 용기를 위아래로 붙인 것 같은 모양으로 되어 있고, 표면에 재킷이 있어 뜨거운 물이나 유체로 용기가 가열된다. 이 용기가 회전하면서 생산물을 건조시키는데, 역시 크기가 큰 물질에는 적합하지 않다.

이렇게 다양한 건조기를 이용하여 생산물을 건조시킬 때 생산물의 목적에 따라 건조 정도를 조절할 수 있다. 보통 생산물의 안정성을 높이고 유통기간을 길게 하기 위해서는 수분을 5% 이내로 유지시킨다. 수분의 함량이 높아지면 미생물 등이 성장하여 생산물이 파괴될 수 있다. 수분의 함량이 높은 생산물은 냉장 보관하면서 곧바로 판매할 수 있다.

마지막 단계로 제제화(formulation)가 있는데, 이는 생산물의 유효 성분의 효력을 최대화하는 과정이라 할 수 있다. 제제화를 하는 이유는, 생산물의 용도에 따라 다르긴 하지만, 생산물의 안정성을 유지하여 상품을 장기간 유통할 수 있게 하거나, 질병을 치료하거나, 또는 식물에 기생하는 해충을 박멸하는 등 실질적으로 원하는 용도로 사용할 수 있기 때문이다(그림 8-14). 그러면 몇 가지 예를 들어보자.

그림 8-14. 제제화의 예

마이코졸 캡슐

적용: 항진균제

알포레인 연질 캡슐

적용: 중추신경

우선 식품의 예를 들어보자. 시중에 판매되는 요구르트는 유산균(lactic acid bacteria 등) 제제라 할 수 있다. 유산균은 사람이나 동물의 장에서 당을 이용하여 유산을 생산하는 장내세균으로 부패를 방지하면서 정장 작용을 한다. 따라서 사람에게는 정장제로도 이용되며 동물에게는 사료 첨가제로 이용된다. 그뿐만 아니라 최근에는 화장품에도 많이 이용되고 있다(그림 8-15).

유산균 제제는 대부분 액상으로 판매되고 있으나 장기 보존을 위해 분말 형태의 상품도 많아지고 있다. 유산균은 생물반응기에서 대량으로 배양된다. 앞에서 언급하였듯이 여과 및 원심분리 등의 몇 가지 과정을 거쳐 최종적으로 동결 건조나 분무 건조를 거치면 분말 상태의 유산균이 얻어진다. 액상 또는 분말 상태의 유산균을 섭취하면 대부분 위와 소장의 위산과 효소 등에 의해 사멸하고 일부만 대장에서 살아남는다. 따라서 유

그림 8-15. 유산균 화장품

산균의 효력이 떨어질 수밖에 없다. 효력을 향상시키기 위해 젤라틴(gelatin), 무정형 셀룰로스(CMC: carboxymethyl-cellulose), 트레할로스(trehalose) 등으로 코팅을 하거나 알지네이트(alginate)와 키토산(chitosan) 등으로 마이크로캡슐화를 시키는 제제화 기술을 이용한다. 이렇게 하면 대부분의 유산균이 대장에서 살아남아 장내에서의 부패를 방지하고 정장 작용을 한다. 이는 앞에서 언급했던 고정화 기술을 응용한 것이라 할 수 있겠다.

둘째로 의약품의 경우를 살펴보자. 생물반응기에서 페니실린계 의약품을 대량생산한 후 적절한 분리 방법을 통해 순수한 페니실린을 분리하였다고 가정하자. 이를 실질적으로 환자에게 이용하려면 역시 제제화를 거쳐야 한다. 질병 치료를 위한 약의 경우 경구 투여했을 때 위산 때문에 약의 대부분이 파괴되므로 이를 방지하기 위하여 제제화가 필요하다. 따라서 앞에서 언급했던 고정화 방법 중 캡슐화 방법을 이용하면 된다. 건조된 가루 형태의 페니실린을 특수한 고분자 물질로 캡슐화하여 위산과 같은 매우 낮은 pH에서는 견디고 캡슐이 소장 또는 대장으로 이동했을 때 pH가 점차로 높아지면 고분자 물질이 와해되면서 페니실린이 전달 확산되게끔 하는 원리이다.

셋째로 생물 농약으로 이용되는 곰팡이의 포자를 생각해 보자. 어떤 식물에 기생하는 해충의 애벌레를 박멸하기 위해 화학 농약을 사용하지 않고 환경 친화적인 생물 농약, 즉 곰팡이의 포자를 제제화하여 사용한다고 가정하자. 물론 곰팡이 포자가 애벌레에 감염되면 애벌레는 살 수가 없다. 이러한 곰팡이 포자를 생물반응기에서 대량생산하여 분리하였으나 이를 곧바로 생물 농약으로 사용할 수는 없다. 왜냐하면 애벌레는 식물의 잎에서 살고 있기 때문에 곰팡이 포자를 제제화한 후 현탁액 상태로 잎에 뿌리면 젖은 상태로 애벌레에 감염되어 애벌레를 죽일 수 있기 때문이다. 이러한 과정에서 더욱 중요한 것은 제제화 과정에서 곰팡이가 골고루 분포하게 하는 분산제, 최소한의 영양분(당), 직사광선에 쪼이더라도 자외선을 차단할 수 있는 자외선 차단제 등이 적절한 농도로 첨가되어야 한다는 점이다. 이러한 기능을 위해 고정화 기술을 응용한다.

넷째로 효소 세제로 사용되는 단백질 분해효소도 제제화를 통하지 않고는 상품화하기 힘들다. 효소를 생물반응기에서 대량생산 해서 액체 배지에 염을 첨가하여 효소를 침전시키거나 막으로써 분리한 후 결국은 앞에서 언급한 다양한 고정화 방법들 중의 하나를 이용한다. 다시 말하면 효소들이 서로 가교되게끔 할 수도 있고, 가교제를 첨가해 주는 경우도 있다. 그렇게 매우 작은 알갱이로 만들어 세제 첨가물로 이용할 수 있는 것이다. 물론 효소 세제를 만들려면 이 외에도 계면활성제, 표백제, 향 등 여러 가지 성분들이 첨가되어야 한다.

이와 같이 다양한 생명공학 분야에서 가치 있는 제품을 만들기 위해서는 생물반응기에서 대량생산된 생산물이 경제적으로 설계된 생물 분리 공정을 통해 분리 정제되고 제제화되어야 한다.

제9장
생물자원과 바이오 의약 산업

생물자원은 바이오 산업의 핵심 소재로 의약품, 식품, 에너지, 환경 등의 분야에 널리 이용되고 있으며, 〈나고야 의정서〉가 2014년 10월 12일 발효된 후 생물자원의 중요성이 더욱 부각되고 있다. 〈나고야 의정서〉가 채택되면서 타국의 유전 자원 및 관련된 지식을 이용하려면 자원 보유국의 관련 기관으로부터 생물자원에 대한 사전 통보 승인을 얻어야 하고, 협의 후에 상호 합의 조건을 체결해야 한다. 따라서 타국의 생물자원을 얻어 활용하는 것이 매우 어려워질 것으로 전망되므로, 타 국가들과의 협의를 통하여 생물자원을 확보하려는 지속적인 노력이 필요하다. 또한 국내 생물자원을 체계적으로 보존하고, 새로운 생물자원을 지속적으로 발굴하려는 노력이 필요한 시점이다. 제2장에서 생물자원의 기본적 개념과 응용 분야를 간단히 설명하였고, 다른 장들에서 간략하게 다양한 분야들을 소개하였다. 생물자원을 바탕으로 해서 생명공학 기술을 이용한 바이오 산업 분야가 너무나 광범위하므로, 이 장에서는 주로 바이오 의약 산업에 대해 소개한다.

앞에서 언급한 바와 같이 생물자원에는 미생물, 식물, 동물들과 그들의 유전자 그리고 이러한 생물체들로부터 생산되는 단백질과 기능성 물질, 정보들이 있고, 또 하나의 중요한 생물자원으로 인체 유래 물질이 있다. 산업적으로 가장 많이 응용되고 있는 생물자원으로는 세균, 고세균,

진균류, 바이러스, 미세 조류, 버섯, 동충하초 등의 미생물이 있다. 그리고 식물에는 종자, 식물, 식물의 조직, 식물세포주, 유전자 변형 식물 등이 있고, 동물에는 동물 및 실험 동물, 동물의 조직, 암세포 및 줄기세포, 하이브리도마 등의 세포주, 수정란, 유전자 변형 동물 등이 있다. 인체 유래 생물자원으로는 사람의 조직, 세포, 세포주 및 인체 유래 물질과 정보 등이 포함되며 생명 윤리에 위배되지 않아야 이용할 수 있다.

이렇게 다양한 생물자원과 생명공학 기술을 이용해서 바이오 산업이 지속적으로 발전하고 있다. 제1장에서 생명공학 기술을 크게 의학, 산업, 농업, 해양 생명공학 기술로 분류하였는데, 바이오 산업도 이 분류된 기술에 따라 의학 바이오, 산업 바이오, 농업 바이오, 해양 바이오 등의 산업으로 분류할 수 있다. 이 외에 다른 산업과 융합하여 형성된 융합 바이오 산업이 급속도로 발전하고 있다. 여기에서는 편의상 바이오 산업을 좀더 세부적인 분류에 따른 분야들을 살펴보기로 한다.

2008년에 우리나라에서는 바이오 산업을 명확히 정의하기 위해 8개 분야로 분류하였다. 이를테면 바이오 의약 산업, 바이오 화학 산업, 바이오 식품 산업, 바이오 환경 산업, 바이오 전자 산업, 바이오 공정 및 기기 산업, 바이오 에너지 및 자원 산업, 바이오 검정 정보 서비스 및 연구 개발업의 8개 분류군이다.

한편 한국바이오협회(2013)의 자료에 따른 우리나라의 바이오 산업의 산업별 인력 현황을 보면 바이오 의약 45%, 바이오 식품 23.5%, 바이오 화학 14%, 바이오 검정 등 4.7%, 바이오 환경 3.4%, 바이오 에너지 및 자원과 바이오 공정 및 기기가 각각 3.3%, 바이오 전자 2.7%로 구성되어 있다.

이 분류에 따른 바이오 산업의 세부 분야들을 살펴보면 다음과 같다.

• 바이오 의약: 항생제, 항암제, 항바이러스제, 바이오시밀러, 백신, 유전자 치료, 세포 치료, 체외 진단 기기 등

- 바이오 화학: 생분해성 고분자, 산업용 효소, 유기산, 아미노산, 미생물 침출, 색소, 향료 등
- 바이오 식품: 발효 식품, 기능성 식품, 대체 감미료, 식품첨가물, 유전자 조작 작물, 미세 조류 유래 항산화제 및 기능성 식품 등
- 바이오 환경: 생물학적 환경 정화, 미생물 제제, 환경 모니터링, 생물학적 탈황/탈취 등
- 바이오 전자: 바이오 전자 코, 바이오 전자 혀 등
- 바이오 공정 및 기기: 발효 공정, 생물 분리 공정, 동식물 세포 배양, 생물 전환, 생물반응기 등
- 바이오 에너지 및 자원: 바이오 에너지, 이산화탄소 고정화 등
- 바이오 검정 등: 바이오 센서, 바이오 칩 등

위의 세부 분야에서 보여 주듯이 생물자원을 이용하여 생산되는 물질들은 매우 다양하며, 이 과정에서 필요로 하는 핵심 기술은 주로 앞 장에서 설명했던 바와 같다. 이 장에서는 바이오 산업 중 세계 시장이 가장 큰 바이오 의약 산업에 대해 설명하고, 제10장에서는 현재의 화학 산업을 점차로 대체할 잠재성이 큰 미래의 바이오 화학 산업으로, 바이오매스를 이용한 다양한 생명공학 제품의 생산에 대해 설명할 것이다.

바이오 의약 분야는 바이오 산업 분야 중 가장 매출액이 큰 분야로서 항생제, 항암제, 항바이러스제 등과 같은 저분자의 화학합성 의약품을 중심으로 한 치료제와 단백질, 항체, 백신, 유전자 치료제, 세포 치료제 등 같은 바이오 의약품으로 나눌 수 있다.

항생제(antibiotics)란 한 미생물이 생산한 물질이 최소한의 농도로 다른 미생물의 성장을 저해하거나 사멸시킬 수 있는 물질을 말한다. 지금까지 산업화된 대부분의 항생제는 60% 이상이 주로 방선균에 의해, 20% 정도가 사상균에 의해 생산되었다. 앞 장에서 설명했던 페니실린은 최초로 산업화된 항생제로 다른 병원균의 세포벽에 작용하여 세포벽 합성을 하지 못하게 하는 기작을 갖고 있다. 항생제는 일반적으로 세포벽, 단백질, 핵

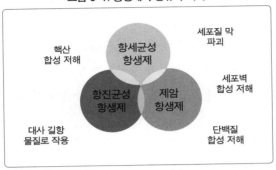

그림 9-1. 항생제의 종류와 기작

산의 합성을 억제하거나 세포막 투과성을 변동시키거나 대사를 억제하는 기작에 관련이 있다. 이러한 기작은 물론 항생제의 구조에 따라 달라지고, 이를 바탕으로 항생제의 종류를 구분할 수 있다. 보통 항생제의 종류에 따라 그람 양성 세균(Gram positive bacteria) 또는 그람 음성 세균(Gram negative bacteria)의 한 종류에만 작용하는 협범위(narrow spectrum) 항생제와 두 종류의 모든 세균에 작용하는 광범위(broad spectrum) 항생제로 분류할 수 있다(그림 9-1).

그러나 현재 전 세계적으로 항생제 내성 세균에 대한 문제 해결이 큰 이슈가 되고 있다. 항생제 내성에 대한 척도는 항생제 투여 후 세균 100 마리당 살아남는 세균의 숫자로 표시하는 항생제 내성률로 표시한다. 이러한 항생제 내성이 생기는 가장 큰 이유로는 미생물의 뛰어난 적응력, 진화에 의한 돌연변이와, 의약 분업 전 항생제의 무분별한 판매, 의사에 의한 과다 투여, 동물 사료나 식물 소독약에의 다량 첨가 등 항생제 남용을 들 수 있다. 다제내성을 가진 항생제 내성 균주로 가장 잘 알려진 것은 페니실린의 대체 치료제인 메티실린에 내성을 갖는 황색포도상구균인 MRSA(Methicillin Resistant *Staphylococcus aureus*)와 MRSA에 의한 감염을 치료할 수 있는 벤코마이신(vancomycin)에 내성을 갖는 황색포도상구균인 VRSA(Vancomycin Resistant *Staphylococcus aureus*), 그리고 장내세균인 VRE(Vancomycin Resistant *Enterococcus faecium / E. faecalis*), 광범위 항생제인 이미페넴에 내성을 갖는 녹농균인 슈도모나스 아루기노사(Imipenem-Resistant *Pseudomonas aeruginosa*), 그리고 역시 이미페넴에 내성을 갖는 슈퍼박테리아인 아시네토박토 바우마니균(Imipenem-Resistant *Acinetobacter baumannii*) 등이 있다. 이러한 대부분의 균주가 면역력이 약한 환자에게 피부 질환, 폐나 신장 등의 장기 감염, 요로 감염 등을 유발하고 심하면 패혈증을 일으킨다.

2015년 3월 미국 오바마 정부는 항생제 내성 세균 퇴치 프로젝트(National Action Plan to Combat Antibiotic-resistant Bacteria) 추진을 발표하였다. 미국 질병통제예방센터(CDC: Center for Disease Control)는 항생제 내성 세균에 의해 매년 최소 200만 명의 환자가 발생하고 2만 3천 명의 환자가 사망하는 것으로 추청하고 있다. 2013년 미국 CDC에서 위험성이 큰 항생제 내성 세균들로 플루오르퀴놀론계(fluoroquinolones)에 내성을 갖는 균(*Clostridium difficile*), 카바페넴(carbapenem)을 포함한 거의 모든 항생제에 내성을 갖는 장내세균(Enterobacteriaceae), 세팔로스포린(cephalosporin)계 항생제에 내성을 갖는 임질균(*Neisseria gonorrhoeae*)을 보고하였다. 이 프로젝트에는 항생제 내성의 문제가 있는 국가들에게 로드맵을 제시하고, 항생제 내성 균주에 의한 감염을 방지하기 위한 국제적 활동을 지원하는 내용, 그리고 기존 및 신규 항생제의 약효 유지 및 새로운 진단법과 백신 등의 신약 개발에 대한 내용이 들어 있다.

2015년 12월 21일자 《방콕포스트》(*Bangkok Post*)에 〈약제 내성 증가〉(Drug resistance grows menacingly)라는 제목의 칼럼이 실렸다. 여기에 실린 내용을 보면 동남아시아에서 항생제 내성 세균에 감염된 어린이가 5분마다 1명씩 사망하고 있고 상황이 점점 악화되고 있으며, 전 세계적으로 항생제 내성 세균에 의한 감염으로 매년 50만 명 이상이 사망하고 있다고 전한다.

한편 우리나라는 질병관리본부에서 정확한 항생제 내성 정보를 표준화하는 체계를 확립하여 항생제 내성률을 감소시키려는 노력을 하고 있다. 그러나 항생제 내성 균주들이 계속 증가하면서 이에 대한 체계적인 정책이 필요하며, 항생제 산업 분야에서 신약 개발에도 많은 노력을 기울여야 하는 형편이다.

암(cancer)은 일반적인 의학적 용어로 종양(tumor)이라고 하며, 종양을 연구하는 학문을 종양학(oncology)라고 한다. "Cancer"의 어원은 라틴어로 게(crab)이고, 게가 신체의 어느 부위나 꽉 물면 절대로 떨어지지 않는다는 의미에서 나왔다고 알려지고 있다. 암의 종류는 크게 양성종양(benign tumor)과 악성종양(malignant tumor)으로 분류할 수 있다. 양성종양은 천천히 생장하며 단순히 크기가 커지기만 하는, 전이되지 않는 종양이며, 악성종양은 빨리 생장하며 주위의 조직으로 침투하면서 크기가 커지며 다른 조직으로 전이가 되는 종양이다. 종양은 일반적으로 단일 세포에서 유전자의 돌연변이에 의해 생겨나며, 크기와 형태가 정상 세포와는 다르다. 또한 염색체의 수가 일정하지 않으며 세포분열이 자주 일어나고 제어가 되지 않는다. 그리고 세포와 세포가 붙어 있는 형태를 잃어버린다. 종양은 세포의 유전자를 손상시키는 많은 사건들이 축적되어 발생한다고 볼 수 있다. 물론 유전적인 요인도 있지만 환경적인 요인으로 자외선, 방사선, 독성이 있는 화학물질, 바이러스 등이 원인이 될 수 있다.

2013년도 국가암정보센터의 통계에 의하면 우리나라에서 가장 많이 발생한 암은 갑상선 암, 위암, 대장암 순이었다. 남성의 경우는 위암, 대장암, 폐암 순이었으며, 여성은 갑상선 암, 유방암, 대장암 순이었다. 2014년도 국가암정보센터의 통계에 따른 암에 의한 사망률은 남성은 폐암, 간암, 위암 순이었으며, 여성은 폐암, 대장암, 위암 순으로 나타났다.

보통 암의 치료는 수술, 방사선 치료, 항암 화학 요법(chemotherapy), 바이오 의약품 등에 의해 진행된다. 수술은 가장 오래된 치료법으로 다른 치료법들과 병행해서 이용된다. 방사선 치료는 고에너지 방사선을 이용해서 암세포의 분열과 생장 기능을 파괴하여 사멸시키는 치료법으로, 주위의 정상 세포에도 영향을 준다는 단점이 있다. 방사선 선량은 암의 크기, 종류, 범위, 분화 정도, 반응성 등을 고려하여 결정할 수 있다. 항암 화학 요법은 다양한 기작을 가진 항암제들을 이용할 수 있는데, 한 가지 예로 항암제가 암세포의 DNA에 결합하여 DNA 복제를 억제할 수 있으나 정상 세포의 DNA에도 작용함으로써 부작용이 생긴다. 탈모, 구토, 설사, 통증 및 세균에 의한 감염이 동반되기도 한다. 바이오 의약품에 의한 치료법은 인터페론, 인터루킨-2 등을 이용하여 면역세포를 활성화시켜 암세포를 사멸시킬 수 있으며, 항암제 치료에 의해 저하된 면역활성을 높이는 과립구 집락 자극 인자(G-CSF: Granulocyte-Colony Stimulating Factor)를 이용할 수 있다. 그 밖에 암 전이 기작들이 지속적으로 밝혀짐에 따라 암 전이를 억제하기 위해 많은 연구자들이 암 전이효소 저해제를 개발 중에 있다.

현재 사용하고 있는 항암제의 80% 이상은 역시 방선균에서 생산되었다. 지금도 계속 방선균 유래 생리 활성 물질을 스크리닝하고 있지만 이러한 전통적인 방법으로는 같은 물질이 분리되는 경우가 많다. 따라서 대사 경로의 관련 효소와 유전자 발현 기작과 같은 분자 생물학적 방법을 전통적인 방법과 함께 이용해 왔다. 최근에는 방선균의 게놈(genome)들이 밝혀지면서 전체 대사 경로를 제어하여 생산성을 높이거나 새로운 항암제나 항생제를 개발하는 연구가 활발하다.

많이 이용되고 있는 항암제로서 암세포의 생장과 분열을 억제하거나 사멸시키는 대사 길항 물질(대사 과정을 방해하는 물질)로서 안트라사이클린(anthracycline)계 물질인 독소루비신(doxorubicin)이 있다. 아드리아마이신(adriamycin)이라고도 하며 암세포 분열 시 세포분열을 저해하는 세포 주기 선택적인 항암제이다. 그 밖에 시스플라틴(cisplatin), 카보플라틴(carboplatin) 등과 같은 알킬화제는 DNA의 복제, 전사 등의 과정의 세포분열을 저해하며 세포 주기 비선택적 항암제이다.

또한 식물 유래 항암제로 태평양 주목나무(*Taxus brevifolia*)의 껍질 추출물에서 발견한 탁솔 또는 파클리탁셀(taxol 또는 paclitaxel)이 있다. 이를 추출하려면 오래된 주목나무를 잘라야 하는 문제점이 있다. 식물세포 배양에 의한 생산이 가능하고, 주목나무 줄기에서 분리한 곰팡이(*Taxomyces andreanae*)가 탁솔을 생산하는 것을 발견하여 대량 배양에 의한 생산을 하고 있다. 또한 반합성법으로 유럽의 주목나무 잎에서 전구체를 추출한 후 화학합성에 의해 대량생산 되고 있다. 탁솔은 난소암, 폐암, 유방암 등의 치료에 효과적이라고 알려져 있다(그림 9-2).

그림 9-2. 주목나무

그리고 표적 항암제는 암세포가 정상 세포와는 다른 신호 전달 체계 및 수용체를 갖고 있다는 사실에 착안해 개발되었다. 각 환자의 세포에 일어난 유전적 변이나 후천적 요인들에 의한 영향 등을 고려한 맞춤형 치료제라 할 수 있다. 정상 세포에 대한 부작용을 최소화하는 이레사(gefitjnib) 등의 상피세포 성장인자 수용체(epidermal growth factor receptor) 억제제와 아바스틴(bevacizumab) 등과 같은 혈관 신생 억제제가 있다. 이러한 표적 항암제는 항체 의약품으로 지속적으로 새로운 제품이 개발되고 있다. 현재 표적 항암제의 매출이 다른 치료제에 비해 가장 크며, 성장률도 급격하게 증가하고 있다. 주로 미국, 유럽, 일본의 다국적 제약 기업들이 표적 항암제의 개발을 주도해 왔으며, 미래의 시장은 매우 커질 것으로 전망된다.

또한 암 전이에 의한 사망률이 매우 높은데, 이에 대한 많은 연구가 이루어지고 있다. 특히 암 환자의 전이를 예측할 수 있는 인자를 찾아내고, 전이 기작을 밝혀내어 치료제를 개발하는 연구도 활발하게 이루어지고 있다(그림 9-3).

그뿐만 아니라 항암제 내성에 관한 문제가 심각하다. 항암 화학 요법

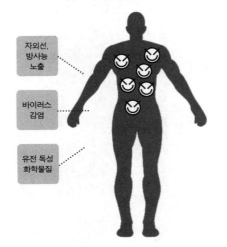

그림 9-3. 암의 발생 원인

자외선, 방사능 노출

바이러스 감염

유전 독성 화학물질

에서 암세포를 사멸시킬 수 있을 정도의 항암제를 투여했더라도 암세포가 사멸하지 않는 현상을 항암제 내성이라 한다. 항암제 내성에 대한 기전이 많이 밝혀지긴 했으나, 환자 개인마다 모두 달라서 매우 복잡한 양상을 띤다. 또한 계속 새로운 항암제가 개발되고 있으므로 이에 따라 항암제 내성에 대한 해결책을 마련하려는 지속적인 노력이 필요하다.

참고로 1999년 국내 신약 1호는 SK케미칼에서 개발한 위암 치료제이다. 제3세대 백금착체 항암제 선플라를 개발한 이후 2015년 12월 현재까지 등록된 국산 신약은 총 26개이다. 이 중 항암제는 5개, 항생제는 4개, 당뇨병 치료제 4개, 관절염 치료제 3개, 발기부전 치료제 3개, 항궤양제 2개, 고혈압 치료제 1개, 말라리아 치료제 1개, B형간염 치료제 1개, 녹농균 예방 백신 1개이다(그림 9-4).

전 세계적으로 에이즈(후천적면역결핍증후군, AIDS: Acquired Immune Deficiency Syndrome), 간염, 인플루엔자, 헤르페스 등 바이러스에 의한 질병이 계속 증가하고 있으며, 특히 바이러스의 돌연변이에 의해 생기는 질병들이 많아져 이에 대한 연구와 항바이러스 치료제의 개발이 시급한 형편이다. 그뿐만 아니라 항바이러스 치료제에 대한 내성 문제의 해결책도 필요하다.

항바이러스 치료제는 바이러스의 감염에 의해 생기는 질병의 치료제로 몸에 감염된 바이러스의 작용을 약화시키거나 사멸시키는 물질을 말한다. 큰 의미에서 항생제로 분류하기도 한다. 현재 대부분의 바이러스 감염에 대한 치료는 백신에 의한 면역 요법이 주를 이루고 있다. 항바이러스 치료제를 몇 가지 살펴보면, 에이즈 치료제로도 쓰이는 지도부딘(ZDV: zidobudine)은 AZT (azidothymidine)로도 불리며 HIV 바이러스가 DNA를 합성하는 데 필요한 역전사 효소를 저해하여 DNA 복제를 방해한다. 유행성 인플루엔자의 치료제로 오셀타미비르(oseltamivir)의 상품명인 타미플루(Tamiflu)가 있다. 타미플루는 중국의 토종식물이며 향신료로 이용되는 팔각(*Illicium verum*)의 열매로부터 추출한 시키미산(shikimic acid)을 원료로 하여 화학합성에 의해 제

그림 9-4. 국내에서 개발한 신약

신약 종류	개수
고혈압 치료제	1개
항암제	5개
B형간염 치료제	1개
말라리아 치료제	1개
녹농균 예방 백신	1개
발기부전 치료제	3개
항궤양제	2개
당뇨병 치료제	4개
항생제	4개
관절염 치료제	3개

한국신약 개발연구조합,
1999년-2015년 12월 현재

조한다(그림 9-5). 시키미산은 주로 식물의 대사 경로에서 중간체로 생산된다. 미국의 벤처기업으로 시작한 질리드 사이언시스(Gilead Sciences)사가 개발하여 스위스의 로슈(Roche)사가 독점 판매하고 있다. 간염 치료제로 면역 반응을 돕는 인터페론(IFN: interferon)이 있는데, 이는 면역세포에서 만들어지는 사이토카인(cytokine)으로 불리는 당단백질이다. 또한 헤르페스 및 피부 질환 치료제로 이용되는 아시클로버(acyclovir)와 발라시클로버(valacyclovir) 등이 있다.

2015년 5월 우리나라에서 발생했던 메르스(MERS: Middle East Respiratory Syndrome)는 중동호흡기증후군으로 불리며, RNA 바이러스인 코로나 바이러스에 의해 호흡기와 소화기에 감염된다. 이를 통해 바이러스 감염에 대한 예방 체계의 확립과 지속적인 항바이러스 치료제 개발이 매우 중요함을 알 수 있다.

2012년 7월 5일자 《약사신문》에 실린 내용에 따르면, 미국 시장 정보 서비스업체인 지비아이(GBI: Global Business Intelligence) 리서치가 발표한

그림 9-5. 타미플루의 원료인 팔각

보고서에서 항바이러스 시장의 주요 제품들의 특허 기간 만료로 2018년 제너릭 제품의 점유율이 약 30%까지 가파르게 상승할 것으로 예측하였다. 그중에서도 사람의 면역 체계를 파괴하는 에이즈 발병 원인 레트로바이러스인 HIV (Human Immunodeficiency Virus) 치료제 점유율이 가장 높다고 보고되었다.

제5장에서 잠깐 설명했던 바이오 시밀러(Biosimilar)는 다양한 바이오 의약품의 특허 기간 만료로 시장에서 빠르게 확대될 것으로 예상된다. 또한 수퍼 바이오시밀러인 바이오베터 (Biobetter)는 원래 바이오 의약품의 효능과 부작용을 개선한 것으로 개량 신약의 개념을 갖고 있으며, 이에 대한 연구 및 원천 기술의 확보가 필요한 실정이다. 바이오 의약품 중 상업화되어 생산되고 있는 바이오시밀러는 주로 단백질 의약품과 항체 의약품이다(그림 9-6). 단백질 의약품은 보통 유전자 재조합과 세포 배양에 의해 생산되고 있으며, 치료제의 종류에 따라 사이토카인, 호르몬, 치료용 효소, 생체 내 인자로 분류할 수 있다. 사이토카인에는 인터루킨-2, 과립구 집락 자극 인자(G-CSF), 인터페론 등이 있고, 호르몬에는 인슐린, 인간 성장호르몬(hGH), 조혈 생성 촉진 인자(EPO: erythropoietin), 치료용 효소에는 조직 플라스미노겐 활성제(tPA: tissue Plasminogen Activator), Factor VIII, 생체 내 인자에는 상피세포 성장인자(EGF: Epidermal Growth Factor), 인슐린 유사 성장인자(IGF: Insulin-like Growth Factor) 등이 있다. 여기에서 사이토카인은 대부분 백혈구에서 생산하는 생리 활성 물질로서 생리 기능을 조절하거나 정보를 전달하는데, 특히 면역 조절을 한다. 호르몬 중 조혈 생성 촉진 인자는 적혈구의 전구체인 당단백질 호르몬으로 적혈구 생성을 촉진하고, 만성 빈혈 치

료제로 이용된다. 치료용
효소 중 조직 플라스노미
겐 활성제 tPA는 혈전 용
해제로 이용되고, Factor
VIII는 혈액 응고 인자로

그림 9-6. 바이오시밀러의 종류

단백질 의약품	항체 의약품
사이토카인 호르몬 치료용 효소 생체 내 인자	단일 클론 항체 수용체-항체 융합 단백질

혈우병 치료에 이용된다. 생체 내 인자 중 상피세포 성장인자 EGF는 세
포의 성장, 증식, 분화를 자극하는 성장인자로 화상 치료와 기능성 화장
품에 많이 이용되고 있다. 인슐린 유사 성장인자 IGF는 인슐린과 비슷한
구조를 가진 성장인자로 어린이의 성장 및 성인의 신체 유지에 매우 중요
하며, 영양 결핍 치료제로 이용되고 있다.

항체 의약품에는 리툭산(Rituxan), 휴미라(Humira), 레미케이드(Remi-
cade), 엔브렐(Enbrel) 등의 단일 클론 항체, 수용체-항체 융합 단백질 등
이 있다: 리툭산은 성분명이 리툭시맙(rituximab)으로 단기 만성 림프구성
백혈병과 자가 면역 질환 치료제로 이용된다. 휴미라는 성분명이 아달리
무맙(adalimumab)으로 류마티스 관절염, 강직성 척추염, 크론병, 궤양성
대장염, 건선 등의 치료제로 만성 면역 매개성 염증성 질환에 광범위하
게 이용된다. 레미케이드는 성분 명이 인플릭시맙(infliximab)으로 휴미라
와 비슷하게 크론병, 강직성 척추염, 궤양성 대장염, 건선 등의 치료제로
이용된다. 엔브렐도 류마티스 관절염 등 자가 면역 질환 치료제로 이용된
다. 리툭산은 B세포를 억제하는 기작을 이용한 치료제이고, 휴미라, 레
미케이드, 엔브렐은 종양 괴사 인자(TNF: Tumor Necrosis Factor)를 억제하
는 기작을 이용한다.

현재 세계의 많은 국가에서 인슐린, 성장호르몬, 단일 클론 항체, 과
립구 집락 자극 인자(G-CSF) 등 많은 제품에 대해 가이드라인을 확립하
여 승인하고 있다. 기술적으로 중요한 것은 제5장에서 언급했던 상류, 중
류, 하류 기술 및 CGMP를 제대로 확립하고, 전략적으로 임상 모델과 작
용 기작 등을 검토하는 것이다. 우리나라의 대표적인 바이오시밀러 생산

회사로는 셀트리온, 삼성바이오로직스, 삼성바이오에피스, LG화학 등이 있다.

백신(vaccine)의 기원은 영국 의사 에드워드 제너(Edward Jenner, 1749-1823)가 그 당시에 유행하던 전염병이었던 천연두(마마)의 예방 백신을 우두 접종법에 의해 개발한 것이 시초이다. 백신의 목적은 인간이나 동물에서 세균과 바이러스와 같은 병원체에 의한 질병을 예방하기 위해 생체 내에 항원을 투입해 항체(antibody)를 형성시키는 것이다. 즉 병원체나 병원체 구성 성분의 일부 또는 독소 성분을 적절히 처리해 독성을 감소시킴으로써 항원(antigen)을 만들어 예방 의약품으로 이용한다. 백신을 성공적인 예방 의약품으로 이용하려면 백신 개발 과정에서 안전성(safety), 유효성(efficacy), 안정성(stability), 편의성(convenience), 가격(cost) 등을 고려해야만 한다.

백신은 예방 의약품으로 바이러스 백신, 세균 백신, 그리고 혼합 백신이 있다. 바이러스 백신으로 가장 많이 이용되고 있는 품목이 인플루엔자와 간염에 대한 백신이고, 그 밖에 소아마비(폴리오), 수두, 대상포진, 출혈열, 일본뇌염, 풍진, 홍역, 유행성이하선염, 두창, 황열병, 인유두종바이러스, 로타바이러스(rotavirus) 등에 대한 백신이 있다. 세균 백신에는 디프테리아, 파상풍, 백일해, 장티푸스, 렙토스피라(Laptospira), 콜레라, 폐렴, 비씨지(BCG: Bacille de Calmette-Guerin), 수막염, 투베르쿨린(Tuberculin), 클로스트리디움 보툴리눔(*Clostridium botulinum*) 독소 등에 대한 백신이 있다. 참고로 *C. botulinum*은 혐기성 세균으로 동물의 근육을 수축시키거나 마비시키는 독소를 생산한다. 이 독소를 분리 정제하여 얼굴 성형을 위해 근육을 수축 또는 마비시키는 치료제로 이용하는데, 이 물질이 바로 보톡스(botox)이다.

백신은 보통 약독화 생백신(live attenuated vaccine, LAV), 사백신(inactivated vaccine), 톡소이드 백신(toxoid vaccine), 아단위 백신(subunit vaccine), 유전자 재조합 백신(recombinant vaccine), 벡터 백신(vector vaccine), 핵산 백신(nucleic acid vaccine)으로 분류할 수 있다. 약독화 생백신은 약독화된 병원체를 이용하여 감염과 동일한 면역 반응을 유도하는 백신이며, 사백신은 병원체를 화학물질 또는 열로 처리하여 불활성화한 백신이다. 사백신의 경우는 대부분 면역 효과가 감소해 면역 증강제를 보조제로 이용한다. 톡소이드 백신은 병원체가 생산하는 독소를 화학적 또는 유전적으로 불활화하여 항체를 유도하는 백신이다. 여기에는 디프테리아와 파상풍 백신이 있다. 아단위 백신은 병원체로부터 항원을 추출하여 이용하는 백신이고, 사백신의 경우와 마찬가지로 면역 효과가 감소하는 단점이 있어 면역 증강제를 보조제로 이용한다. 다당류 백신도 여기에 포함된다. 유전자 재조합 백신은 병원체로부터 항원 유전자를 분리하여 유전자 재조합 기술을 이용하여 항원을 생산하고 분리 정제하여 이용하는 백신이다. 아단위 백신의 경우에도 유전자 재조합 기술을 많이 이용한다. 벡터 백신은 병원체로부터 항원 유전자를 분리하여 바이러스에 삽입하여 벡터로 이용하는 백신이고, 핵산 백신은 항원의 유전자가 조작된 DNA 또는 mRNA를 인체에 투입하는 백신이다(그림 9-7).

이러한 백신들을 수입하거나 생산하는 국내 업체로서 녹십자, 한국백신, SK케미칼, CJ제일제당, LG화학, 보령바이오파마, 베르나바이오텍코리아 등이 있다.

현재 국내의 백신 개발에 필요한 연구 분야를 보면 새로운 항원의 발굴, 면역 증강제의 개발, 기초 면역학 연구, 백신 투여 경로 및 전달 장치개발, 평가를 위한 생물학적 지표 개발, 그밖에 연구 개발 및 제조를 위한상류, 중류, 하류 기술의 개발 등이 진행되고 있다.

2015년 10월 8일자 《헬스코리아뉴스》에 마이크로소프트 창업자인 빌게이츠(Bill Gates)가 유전자 치료제 스타트업 업체에 투자를 진행한다는기사가 실렸다. 사실 유전자 치료제와 세포 치료제는 첨단 의약품으로 다른 바이오 의약품과 달리 인체 유전자 및 살아 있는 세포를 환자에게 투여하는 것이기 때문에 기술적으로 여러 가지 문제점들을 갖고 있었다. 그러

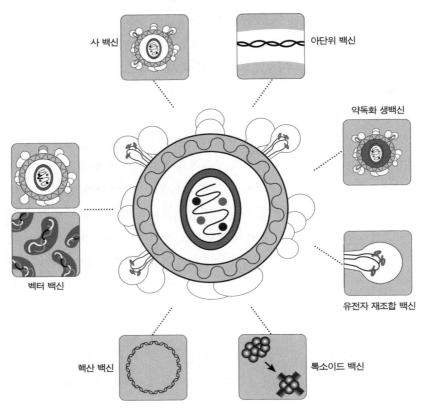

그림 9-7. 백신의 종류

사 백신

아단위 백신

약독화 생백신

벡터 백신

유전자 재조합 백신

핵산 백신

톡소이드 백신

나 임상 시험을 거치면서 기술적 문제들이 조금씩 해결됨에 따라 본격적인 상용화 시대로 들어서고 있다.

유전자 치료제(gene therapeutics)는 예방 의약품으로 유전자의 결손을 치료하기 위해 정상적인 유전자 또는 정상적인 유전자를 삽입한 세포를 인체에 투여하는데, 이를 유전자 치료제라 한다. 유전자 치료(gene therapy)는 크게 체세포 유전자 치료와 생식세포 유전자 치료로 분류할 수 있다. 치료할 유전자를 체세포에 삽입하는 체세포 유전자 치료는 연구가 많이 되고 있으나, 생식세포 유전자 치료는 삽입된 유전자가 다음 세대로 전달

될 위험성이 있어 전 세계적으로 법률로 금지하고 있다.

최초의 유전자 치료는 1989년 미국 국립보건원(NIH: National Institutes of Health)에서 수행하였다. 위암 환자의 암조직에서 채취한 암침윤 임파구를 체외에서 배양한 후 종양 괴사 인자(TNF) 유전자를 삽입하고, 환자에게 다시 투여했을 때 암이 부분적으로 감소하는 현상을 보였다. 이 치료를 통해 유전자 치료의 안전성을 확인했다.

대표적으로 아데노신디아미나아제 결핍증(ADA: Adenosine Deaminase Deficiency)의 유전자 치료 기술이 있다. 선천적으로 유전적 결손에 의해 아데노신디아미나아제 효소를 생산하지 못함으로써 체내에 독성 물질이 분해되지 못하고 축적되는 질병이다. 이 독성 물질은 면역 관련 세포들에 손상을 입히는데, 결국 면역 기능이 감소하여 병원균에 의한 감염을 방지하기 위해 무균 상태를 유지해야 한다. 면역 결핍이 따르기 때문에 ADA-SCID(Severe combined immunodeficiency)라고도 부른다. 이에 대한 유전자 치료는 1990년 미국 국립보건원에서 수행한 최초의 유전자 치료 성공 사례로 알려져 있다. ADA 환자의 면역세포를 채취해서 레트로바이러스를 이용하여 정상적인 ADA 유전자를 삽입하는 방법을 시도해 아데노신디아미나아제 효소를 생산하게 되었고, 면역 기능도 회복하였다.

2012년 네덜란드의 유니큐어(UniQure)사는 지단백 지질 분해효소 결핍증(LPLD: Lipoprotein Lipase Deficiency)의 유전자 치료제인 글리베라(Glybera)를 개발하여 EMA(European Medicines Agency)의 승인을 받았다. 이 질병은 지방이 혈관을 막는 희귀한 유전자 질환으로 알려져 있다.

그 밖에 2003년 중국 시비오노 젠텍사에서 아데노바이러스 벡터를 이용한 두경부암 유전자 치료제인 젠디신으로 중국 식약처의 승인을 받아 상업화하였으나 임상3상 결과가 아직 없다. 2005년에도 상하이 선웨이 바이오텍사에서 아데노바이러스 벡터를 이용한 말기 비인두암 유전자 치료제인 온코린으로 중국 식약처의 승인을 받았다. 또한 필리핀과 러시아에서도 각각 유전자 치료제의 승인을 받은 바 있다. 국내에서는 코오롱

생명과학㈜, 바이로메드, 제넥신, 신라젠, 녹십자, 진원생명과학 등에서
다양한 유전자 치료제에 대한 임상 시험을 진행하고 있다.

유전자 치료제를 개발하는 데 있어서 고려해야 할 가장 중요한 사항은
유전자 치료의 대상이 되는 세포의 특성과 질병의 원인 및 기작을 명확하
게 이해해야 한다는 것이다. 또한 유전자 치료에 이용할 적합한 유전자를
개발해야 하고, 유전자 전달 방법을 확립해야 한다. 이에 관련한 연구들
이 전 세계적으로 활발하게 진행되고 있다.

세포 치료는 살아 있는 세포인 세포 치료제를 환자에게 직접 투여하는
치료로, 식품의약품안전처(KFDA) 고시 제2003-26호 생물학적 제제 등
허가 및 심사에 관한 규정 제1장 총칙 제2조(정의) 13호에서 세포 치료제
를 다음과 같이 정의하고 있다.

> 세포 치료제는 세포와 조직의 기능을 복원시키기 위하여 살아 있는
> 자가(autologous), 동종(allogenic), 또는 이종(xenogeneic)의 세포를
> 체외에서 증식·선별하거나 여타한 방법으로 세포의 생물학적 특성
> 을 변화시키는 등의 일련의 행위를 통하여 치료, 진단 및 예방의 목
> 적으로 사용되는 의약품을 말한다.

여기에서 자가 세포는 본인 유래 세포, 동종 세포는 타인 유래 세포, 이
종 세포는 동물 유래 세포를 말한다. 대부분의 세포 치료제는 환자에게서
특정한 세포를 채취한 후, 적절한 처리 후 배양하여 환자에게 다시 투여
하기 때문에 맞춤형 의약품이라 할 수 있다.

세포 치료(cell therapy)를 위한 세포 치료제(cell therapeutics)는 이용하는
세포의 종류 및 분화 정도를 바탕으로 체세포(somatic cell) 치료제와 줄기
세포(stem cell) 치료제로 분류할 수 있다. 체세포 치료제에는 보통 각질 세
포, 섬유아세포 등의 피부세포 치료제, 수지상세포, NK(Natural killer)세
포, 활성화 림프구 세포 등의 면역세포 치료제, 뼈세포 치료제, 연골세포
치료제, 지방세포 치료제 등이 있다. 각질세포 치료제는 화상 치료에 이

용되며, 섬유아세포 치료제는 당뇨병성 족부궤양, 창상, 화상 치료에 이용된다. 면역세포 치료제는 환자의 혈액에서 얻은 수지상세포, NK세포, 활성화 림프구 세포 등의 면역세포의 수와 효력을 증가시켜 치료제로 이용하는데, 암과 자가면역 질병의 치료제로 쓰인다. 여기에서 수지상세포는 항원 전달 세포로 면역 반응의 매개체 역할을 한다.

2010년 미국 덴드리온(Dendreon)사가 세계 최초로 수지상세포를 이용하여 전립선암 치료제를 개발하여 상용화하였다. NK세포는 선천적인 면역에 관여하며, 간과 골수에서 성숙된다. 활성화 림프구 세포는 T세포라고 하며, 항원 특이적 적응 면역에 관여한다. 뼈세포 치료제는 골절 등의 국소적으로 뼈의 형성을 촉진하는 역할을 하고, 연골세포 치료제는 무릎 연골이 결손되었을 때 이용되는 치료제이다. 지방세포 치료제는 함몰된 흉터나 피하지방이 결손되었을 때 이용되는 치료제이다. 국외에서 허가를 받아 시판하고 있는 제품으로는 섬유아세포를 이용한 당뇨성 족부궤양 치료제인 오거노제너시스(Organogenesis)사의 더마그래프트(Dermagraft)와 애플리그래프(Apligraf), 화상 치료제인 ATS/스미스앤네퓨(ATS/Smith & Nephew)사의 트랜스사이트(Transcyte), 연골세포를 이용한 연골세포 치료제인 젠자임 바이오서저리(Genzyme Biosurgery)의 카시셀(Carticel)과 바이오티슈 테크놀로지스(BioTissue Technologies)의 바이오시드-C(Bioseed-C) 등 10여 개가 있다.

국내의 여러 회사에서 이러한 치료제를 개발하여 국내에서 승인을 받은 10여 개의 제품이 있고, 임상 시험 중인 것이 수십여 개이다. 세원셀론텍의 연골세포 치료제인 콘드론과 뼈세포 치료제인 RMS오스론, 안트로젠의 지방세포 치료제인 아디포셀과 퀸셀, 테고사이언스의 피부세포 치료제인 홀로덤과 칼로덤 등이 그것이다. 그리고 면역세포를 이용한 예로는 수지상세포를 이용한 전이성 신세포암 치료제인 크레아젠의 크레아박스-RCC, 간암 치료제인 이노셀의 이뮨셀LC 등이 있다.

줄기세포는 체세포와 달리 인체의 특정한 부위에 소량 존재하고, 근

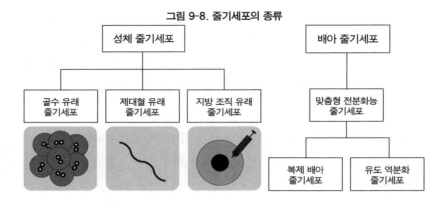

그림 9-8. 줄기세포의 종류

육, 신경 등의 다양한 세포로 분화할 수 있으며 무한히 증식할 수 있다. 이러한 특성 때문에 줄기세포는 재생 의료 분야에 중요한 치료제로 떠오르고 있다(그림 9-8).

줄기세포에는 성체 줄기세포(adult stem cell) 치료제와 배아 줄기세포(embryonic stem cell) 치료제가 있다. 성체 줄기세포는 골수 유래 줄기세포, 제대혈 유래 줄기세포, 지방 조직 유래 줄기세포 등으로 분류할 수 있다. 배아 줄기세포는 전분화능 줄기세포(pluripotent stem cell)로 거의 모든 세포로 분화할 수 있는 줄기세포를 말하며, 본질적으로 생명 윤리와 암을 유발시킬 수 있는 안전성 문제가 있다. 면역거부 반응의 문제가 있어 유전자 맞춤형 전분화능 줄기세포가 개발되었는데, 바로 복제 배아 줄기세포와 유도 역분화 줄기세포(iPS: induced Pluripotent Stem Cell)이다. 복제 배아 줄기세포는 체세포와 난자의 핵을 치환하여 배아에서 얻고, 유도 역분화 줄기세포는 체세포를 유전자 조작에 의해 거꾸로 역분화시켜 얻을 수 있다. 이렇게 개발한 줄기세포들은 생명 윤리에 대한 문제가 없어 연구가 활발히 진행되고 있으나, 유전적 안정성이 떨어져 이에 대한 해결책이 필요하다. 성체 줄기세포는 다른 줄기세포에 비해 비교적 안전하여 관련 연구 및 임상 시험이 활발하게 진행되고 있다.

국내에서 2012년 줄기세포를 이용한 치료제로서, 심근경색 치료제인 에프씨비파미셀의 하티셀그램-AMI, 연골 치료제인 메디포스트의 카티스템, 크론성 누공 치료제인 안트로젠의 큐피스템이 세계 최초로 승인되었고, 캐나다에서도 이식편대숙주병(GvHD: Graft-vs-Host Disease) 치료제인 오시리스(Osiris Therapeutics)의 프로치말(Prochymal)이 최초로 승인됨에 따라 상용화 시대로 들어섰다. 이식편대숙주병은 면역력 저하로 타인의 면역세포가 숙주를 공격하는 병으로 치명적이다.

줄기세포를 이용한 신약 개발의 과정에서 개발되는 원천 기술은 동물 실험과 같은 전 임상 시험을 대체하고, 임상 시험도 짧은 시간에 효율적으로 진행할 수 있을 것으로 기대된다.

전체적으로 우수한 세포 치료제를 개발하기 위하여 안정성, 유효성, 품질 등을 고려해야 하는데, 특히 세포 치료제는 살아 있는 바이오 의약품이므로 품질 유지가 쉽지 않고, 미생물에 의한 오염 문제가 나타날 수 있으므로 잘 관리해야 한다.

우리는 보통 건강 검진을 위해 혈액 및 소변 등을 채취하여, 이 시료를 시약이나 기기를 이용하여 건강 상태나 질병의 유무 및 치료 효과를 판단하거나 예방을 할 수 있다. 이렇게 이용되는 시약과 진단 기기를 일반적으로 체외 진단 기기(IVD: In Vitro Diagnostics)라고 부른다(그림 9-9). 이 체외 진단 기기 분야를 세부 기술을 바탕으로 분류하면, 항원항체 반응을 이용한 면역 화학적(immunochemistry) 진단, 개인 당뇨 관리를 위한 자가 혈당 측정(SMBG: Self Monitoring of Blood Glucose), 환자가 있는 현장에서 현장 현시 진단(POCT: Point-of-Care Testing), 병원체나 세포의 DNA 또는 RNA를 분석하는 분자 진단(molecular diagnostics), 혈액 속의 백혈구, 적혈구, 혈소판, 혈색소 등을 분석하는 혈액 진단(hematology), 병원균 감염을 진단하여 투여할 항생제의 종류와 농도를 결정하는 임상 미생물학적 진단(clinical microbiology), 정상 세포 조직, 암세포 조직, 질병에 감염된 세포 조직 등을 바탕으로 진단하는 조직 진단(tissue diagnostics), 혈액 응고

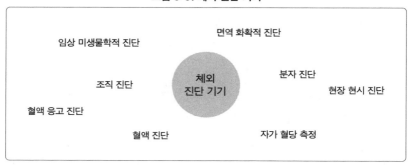

그림 9-9. 체외 진단 기기

임상 미생물학적 진단　　　　　면역 화확적 진단

조직 진단　　　체외 진단 기기　　분자 진단

혈액 응고 진단　　　　　　　　　　현장 현시 진단

혈액 진단　　　　자가 혈당 측정

진단으로 출혈성 질병, 혈소판 장애, 자가 면역 상태를 진단하는 지혈 응고(hemostasis) 등으로 분류할 수 있다.

프로스트앤설리번(Prost & Sullivan)의 2012년 자료를 바탕으로 전 세계의 매출액 순위를 살펴보면, 위에 열거한 순이다. 면역화학적 진단이 전체 체외 진단 기기 시장의 약 35%를 차지하고 있으며, 자가 혈당 측정 시장이 약 20%, 현장 현시 진단 시장이 약 12%, 분자 진단 시장이 약 9%, 혈액 진단 시장이 약 7%, 임상 미생물학적 진단과 조직 진단 시장이 각각 약 6%, 지혈 응고 시장이 약 3%, 기타 등으로 점유하고 있다.

국외 체외 진단 기기 시장은 2014년 기준으로 하여 로슈(Roche)사가 약 25%를 차지하고 있고, 그 외에 지멘스(Siemens), 애보트(Abbott), 존슨앤존슨(Johnson & Johnson), 다나허(Danaher)의 네 회사가 각각 약 10%를 차지하고, 그 밖에 많은 회사들이 경쟁을 하고 있다. 국내의 경우는 소변 검사, 면역 검사, 분자 진단 관련 등 일부 진단 기기를 제외하고는 대부분을 외국에서 수입하여 사용하고 있다. 이 중 분자 진단 관련 제품이 다양한 회사에서 가장 많이 출시되고 있는 경향이다. 국내 관련 기업으로는 오상헬스케어, 아이센스, 마크로젠, 인트론바이오, 나노엔텍, 씨젠, 엑세스바이오, 바이로메드 등이 있다.

전 세계적으로 고령화가 진행되고 간편한 체외 진단 기기의 사용 빈도가 높아짐에 따라 시장이 점차로 확대되고 있다. 특히 2014년도 세계 시장 규모는 약 500억 달러이고 국내 시장 규모는 670억 원 수준이나, 매출액이 계속 증가하고 있다. 매출액이나 기술적인 면을 볼 때, 우리나라의 경우 체외 진단 기기 관련 기업들의 경쟁력이 해외에 비해 매우 미약하다. 그러나 체외 진단 기기의 개발은 기본적으로 융합 기술에 바탕을 두고 있으므로, 바이오, IT, 나노 등 관련 분야의 긴밀한 공동 연구 및 개발 추진 체계를 확립하고 지속적으로 노력한다면 좋은 결실을 얻을 수 있을 것으로 기대된다. 이상으로 바이오 의약 분야를 간단하게나마 살펴보았고, 다음 장에서는 바이오매스를 이용한 바이오 화학 산업 분야를 알아보기로 한다.

제10장

미래 생물자원인 바이오매스와 바이오 화학 산업

과거 수백만 년에 걸쳐 동식물의 사체 등의 바이오매스들이 지하에 매장되어 고온 고압 조건에서 화학적으로 전환되어 석탄, 석유, 천연가스와 같은 화석연료가 생겨났다. 산업혁명 이후 화석연료를 본격적으로 이용하기 시작하여 석유를 바탕으로 한 석유화학 산업이 급속하게 발전하여 왔고 다른 많은 산업에 막대한 영향을 주었다. 이러한 화석연료는 전 세계적으로 소비율이 급증하여 양적으로나 경제적으로나 한계성이 있어서 미래의 언젠가는 고갈될 수밖에 없기 때문에 재생 불가능한 에너지이며 세계 각국에서는 신재생 에너지 또는 대체 에너지의 개발에 많은 관심을 집중하고 있다. 에너지관리공단에서 분류한 신재생 에너지의 종류를 보면 태양광, 태양열, 풍력, 바이오 에너지, 폐기물 에너지, 해양 에너지, 수력, 지열, 수열, 그리고 연료전지, 수소, 석탄가스화 및 액화가 있다. 특히 1970년대 2차례의 오일쇼크를 거치면서 석유 공급을 주로 중동 지역에 의존하던 많은 국가들이 다양한 에너지원의 확보를 위해 다각도로 많은 노력을 해 오고 있다(그림 10-1).

환경적인 측면에서 보면 화석연료를 에너지로 이용할 때 이산화탄소(CO_2), 질소산화물(NO_x), 황산화물(SO_x) 등이 발생하여 지구 온난화, 산성비, 호흡기 질환 등 여러 가지 문제를 일으킨다. 환경 문제가 중요해지면서 기존 자동차의 연료인 가솔린 또는 디젤에서 나오는 배기가스에 의

그림 10-1. 신재생 에너지의 종류

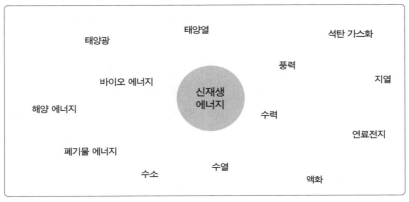

한 오염을 감소시키는 방법으로 바이오 에너지에 많은 관심을 갖게 되었다. 여기에서 바이오 에너지는 바이오매스로부터 생산되는 에너지를 말하며, 바이오매스는 재생 가능(renewable)하여 무한히 생산할 수 있으며 오염 물질을 거의 배출하지 않는 것이 장점이다(그림 10-2). 바이오매스는 일반적으로 동물, 식물, 미생물 등 유기체 총량을 말하며, 재활용할 수 있는 유기성 잔류물까지 포함하며, 미래의 중요한 생물자원이다. 제2장에서 언급하였지만 보통 바이오매스는 제1, 2, 3, 4세대로 분류하며, 제1세대는 곡류, 제2세대는 목질계 바이오매스, 제3세대는 조류, 제4세대는 유기성 잔류물을 말한다. 연구자들이 바이오매스에 관심을 갖기 시작한 것은 바이오 에너지 때문이었지만, 현재는 재생 가능한 바이오매스로부터 다양한 제품들을 생산하려는 노력에 집중하고 있다. 특히 산업 생명공학(white biotechnology) 분야에서 바이오매스를 원료로 하여 화학적 또는 생물학적 전환 등을 통하여 바이오 에너지, 기능성 식품, 의약품, 정밀화학 제품, 생분해성 고분자 등의 다양한 생물화학 제품의 원료, 중간체, 그리고 최종 제품을 제조하려는 공정이 개발되고 있다. 이를 바이오리파이너리(biorefinery)라 한다. 이 용어는 원유를 정제한다는 의미의 리파이너리(refinery)로부터 생겨났고, 사실상 리파이너리로부터 본격적인 화학 산

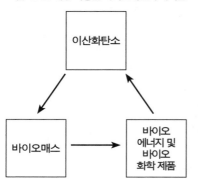

그림 10-2. 재생 가능한 바이오매스의 사이클

이산화탄소

바이오매스 → 바이오 에너지 및 바이오 화학 제품

업이 시작되어 다양한 화학 제품을 제조해 왔다(그림 2-9 참조).

그리고 산업 생명공학이라 함은 미생물을 이용한 발효 공정이나 효소를 이용한 생물 전환 반응에 의해 생명공학 제품을 생산하는 것을 말한다. 최근에는 합성생물학 또는 대사공학 등의 새로운 균주 개발 기술을 도입하여 화학합성에 의

해 제조하던 제품이나 기존에 제조하지 못하던 제품들을 효율적으로 생산하기 위한 시도들이 많이 이루어지고 있다. 바이오리파이너리 개념에서 가장 중요한 것은 다양한 바이오매스를 환경을 파괴하지 않고 지속적으로 이용할 수 있다는 점이다. 예를 들면 바이오매스는 수송용 연료 및 공장에서 나오는 이산화탄소를 이용하여 광합성을 함으로써 탄수화물을 합성하고 영양분으로 이용하여 성장한다. 미국의 중요한 바이오매스 관련 연구소 중의 하나인 NREL(National Renewable Energy Laboratory)은 바이오리파이너리 개념을 당 플랫폼(sugar platform)과 합성가스 플랫폼(syngas platform)의 2개 플랫폼으로 분류하였다. 여기에서 당 플랫폼은 생물 전환 반응을 바탕으로 바이오매스를 당으로 전환하여 발효에 의해 생산물을 생산하는 개념이다. 합성 가스 플랫폼은 열화학적 전환 반응을 바탕으로 바이오매스를 가스화하는 동시에, 부산물로 전환하는 개념이다. 다시 말하면 이 플랫폼들을 기반으로 핵심 기술을 개발하고 최종 제품을 생산한다는 의미이다. NREL에서 2개의 플랫폼으로 분류하였지만, 기술이 발전하면서 바이오매스 유래 원료의 종류에 따라 더 많은 플랫폼이 생겨날 수 있다. 예를 들면 탄소수가 많은 지방산과 바이오 가스 등을 원료로 하여 또 다른 핵심 기술이 발전할 가능성이 많다.

그러면 다양한 바이오매스의 종류에 따른 특성을 살펴보도록 한다(그

림 2-7 참조).

　제1세대 바이오매스인 옥수수, 밀, 보리, 카사바(cassava), 감자와 같은 곡류로부터 전분을 얻어 당으로 전환시킨 후 다양한 생산물을 얻을 수 있겠지만, 곡류는 주로 식량으로 쓰이기 때문에 가격도 비싼 편이다. 설탕 작물인 사탕수수(sugarcane), 사탕무(sugarbeet), 흰가루수수(sweet sorghum) 등을 이용하여 생산물을 얻기도 한다. 석유수출국기구(OPEC: Organization of Petroleum Exporting Countries)와 셰일가스 및 바이오 연료 공급 국가와 정치적으로 이해관계가 뒤얽혀 있어 매우 복잡한 상황이다. 특히 미국, 러시아, 중국 등의 강대국들 사이에 에너지 전쟁이 치열하게 전개되고 있다. 참고로 미국에서는 옥수수 전분으로부터, 브라질에서는 사탕수수 설탕으로부터 바이오 에탄올을 생산하고 있으며, 그 밖에 부존 자원이 풍부한 많은 나라에서 다양한 원료로부터 바이오 에탄올을 생산하고 있다. 한편으로는 전 세계적으로 식량이 부족한 상태에서 곡류나 설탕으로부터 바이오 연료를 제조한다고 국제적 비난을 받기도 한다.

　따라서 곡류와 같은 식량을 바이오 연료로 전환하기보다는 목질계, 해양, 그리고 유기성 잔류물 바이오매스를 바이오 연료로 전환하는 기술 개발이 활발하게 이루어지고 있다.

　제2세대 바이오매스인 목질계 바이오매스의 종류에는 포플러, 버드나무, 갈대류 등의 에너지 작물, 볏짚, 보리짚, 밀짚, 쌀겨, 옥수수 줄기(corn stover), 사탕수수 잔류물(sugarcane bagasse), 팜오일 산업 부산물(OPEFB: Oil Palm Empty Fruit Bunch) 등의 농업 부산물, 폐목재, 신문지, 펄프 제지 잔류물 같은 도시 잔류물 또는 임산 잔류물 등이 있다. 목질계 바이오매스는 주로 3가지 성분인 셀룰로스(cellulose), 헤미셀룰로스(hemicelluloses) 및 리그닌(lignin)으로 구성되어 있다. 섬유소계 바이오매스를 구성하는 이 3가지 성분의 구성비는 바이오매스의 종류에 따라 조금씩 차이가 있으나 평균적으로는 4 : 3 : 3 정도로 알려져 있다. 셀룰로스와 헤미셀룰로스는 보통 산 또는 알칼리를 이용한 화학적 방법에 의한

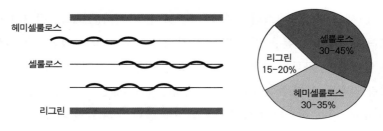

그림 10-3. 목질계 바이오매스의 성분

헤미셀룰로스

셀룰로스

리그린

리그린
15-20%

셀룰로스
30-45%

헤미셀룰로스
30-35%

전처리와 효소를 이용한 당화에 의해 각각 6탄당인 포도당(glucose)과 5탄당인 자일로스(xylose)로 분해되는데, 새로운 전처리 방법도 다양하게 모색되고 있다. 리그닌은 기본적으로 셀룰로스, 헤미셀룰로스와 물리화학적으로 단단하게 결합되어 있으며 복잡한 방향족 고분자인 지용성 페놀 고분자들로 구성되어 있어, 리그닌의 함량이 감소할수록 당화가 쉽게 일어날 수 있다. 따라서 최근에는 섬유소계 바이오매스를 포도당과 자일로스로 효율적으로 분해하는 당 플랫폼을 확립하는 연구가 한창 진행 중이며, 부산물인 리그닌의 경우에도 더 이상 오염 물질이 아닌 에폭시 수지와 고열량 연료 등을 위한 기본 물질로 이용될 수 있다. 셀룰로스가 분해되면 주로 포도당이 생성되지만, 헤미셀룰로스는 주성분인 자일로스 이외에 갈락토스(galactose), 만노스(mannose), 아라비노스(arabinose), 람노스(rhamnose) 등의 당들도 일부 생성된다(그림 10-3).

이 성분들을 효율적으로 분해하는 경제성 있는 공정을 개발하여 연료용 바이오 에탄올과 다양한 고부가가치 물질들을 생산할 수 있는 연구들이 다양하게 진행되고 있다. 이러한 섬유소계 바이오매스를 효율적으로 분해하여 유용한 물질들을 생산하기 위해서는 전처리, 당화, 발효 및 당화 효소와 발효에 관련된 균주의 탐색 및 개발이 필수적이다(그림 10-4).

일반적인 전처리 방법으로는 물리적·화학적·생물학적 방법이 있다(그림 10-5). 우선 섬유소계 바이오매스를 잘게 부수는 분쇄(grinding 또는 milling), 증기 폭쇄(steam explosion), 조사법(irradiation) 등의 물리적 방법

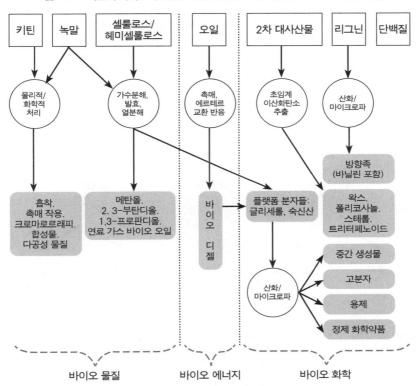

그림 10-4. 목질계 바이오매스로부터 바이오 연료 및 바이오 화학 제품 생산 과정

이 수행되어야 한다. 바이오매스를 잘게 분쇄하면 표면적이 커져 산, 알칼리, 그리고 효소가 쉽게 접촉함으로써 전처리 효율을 높일 수 있다. 증기 폭쇄의 경우도 표면이 팽창해서 섬유소 물질의 결정 구조가 감소하므로 전처리 효율을 높일 수 있다. 조사법은 양성자 빔, 이온 빔, 감마선, 전자 등을 쪼여 섬유소 물질의 결정 구조를 감소시킬 수 있다. 최근에는 산이나 알칼리 용매를 첨가한 증기 폭쇄법도 많이 이용하고 있으나, 전처리 후 저해제가 많이 생성되는 것이 단점으로 알려져 있다.

화학적 방법으로는 주로 약산이나 알칼리를 많이 이용하고, 그 외에 초임계 유체(supercritical fluid)와 이온성 액체(ionic liquids)도 이용되고 있

그림 10-5. 목질계 바이오매스의 전처리

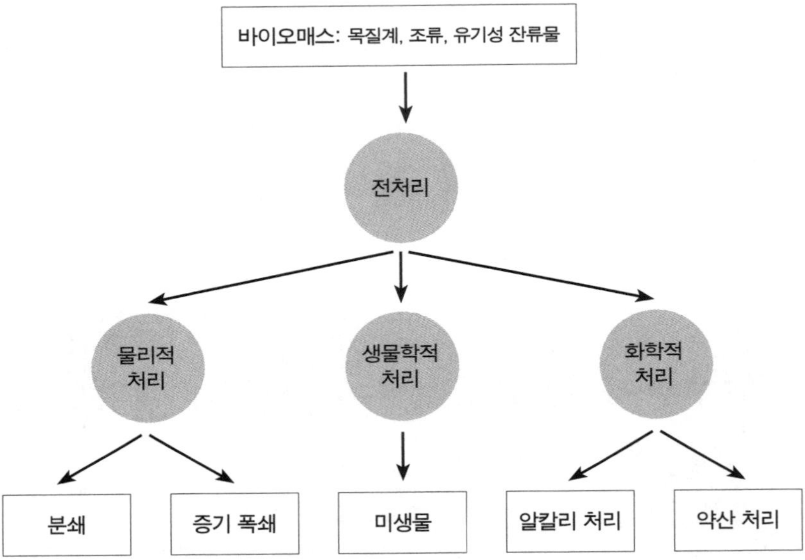

바이오매스: 목질계, 조류, 유기성 잔류물

전처리

물리적 처리

생물학적 처리

화학적 처리

분쇄

증기 폭쇄

미생물

알칼리 처리

약산 처리

다. 여기에서 초임계 유체는 어떤 물질이 임계점 이상의 온도와 압력에서는 기체와 액체의 구분이 없는, 기체와 액체의 두 가지 특성을 모두 가지는 유체이다. 임계점은 기체상과 액체상이 구분되는 최대의 온도와 압력의 한계점이다. 따라서 기체처럼 확산성도 좋고 액체처럼 용해성도 좋다는 장점이 있다. 다만 초기 장치비가 비싼 단점이 있다. 이온성 액체는 양이온과 음이온이 크기의 비대칭성 때문에 결정체를 이루지 못하고 액체 상태로 있는 물질이다. 보통 100℃ 이하에서도 액체 상태로 존재한다. 친환경적인 용매로 알려져 있지만, 가격이 비싼 것이 단점이다. 적절한 농도의 산과 최적 온도 조건에서 전처리를 수행하면 주로 자일로스를 회수할 수 있고, 리그닌도 어느 정도 분리된다. 다시 말하면 리그닌을 제거함으로써 섬유소의 구조를 파괴하여 셀룰로스 조직을 연하게 만드는 과정이다. 알칼리를 이용하는 방법으로는 바이오매스를 암모니아에 침지시켜 리그닌을 제거하고, 암모니아는 회수하여 재사용할 수 있다. 그 외에

166

2단계 전처리 방법으로 1단계에서 묽은 산으로 처리하고, 2단계에서 수용성 암모니아로 처리하는 병합된 공정을 이용하기도 한다.

생물학적 방법은 주로 리그닌을 분해할 수 있는 효소를 분비하는 곰팡이들을 이용하지만, 이 방법은 시간이 오래 걸려 현재까지는 특수한 용도에만 주로 이용되나, 많은 연구자들이 강력한 리그닌 분해효소를 탐색하고 있다. 회수된 자일로스와 리그닌은 분리하여 각각의 용도에 맞게 이용되고, 나머지 부분은 섬유소 분해효소를 이용하여 당화해 포도당을 얻는다.

전처리를 수행한 후 셀룰로스 성분을 포도당으로 전환시키는 당화(saccharification)가 필요하다. 과거에는 산 처리에 의해 포도당을 얻으려는 노력을 많이 하였으나, 이 경우 산의 농도가 높거나 또는 묽은 산과 고온 조건이 필요하다. 이 과정 동안 산에 부식되지 않는 장비를 사용해야하고 생성된 포도당이 여러 부산물로 변형되는 단점이 있어 현재는 주로 효소적인 방법에 의해 포도당으로 전환한다. 또한 효소의 가격도 많이 낮아지고 활성도 및 안정도가 높은 효소가 등장하여 이 방법이 가능해졌다. 현재도 효소의 생산성과 활성도가 높은 우수한 균주를 계속적으로 탐색하고 있으며, 이를 기반으로 칵테일 효소를 개발하여 고정 생산비를 낮출 수 있다(그림 10-6).

현재까지 강력한 섬유소 분해효소를 생산하는 균주로는 초기에 미 육군 나티크연구소(U.S. Army Natick Lab.)에서 개발한 트리고더마 리제이(Trichoderma reesei) 변이주들이고, 이 변이주들은 셀룰로스를 분해하는 데는 강력하지만 헤미세룰로스나 리그닌은 분해하지 못하고 특히 포도당 2개가 붙어 있는 셀로바이오스(cellobiose)를 포도당으로 분해하는 효소인 베타글루코시다아제(β-glucosidase)의 활성도가 낮은 단점이 있다. 이 변이주들이 분비하는 강력한 효소로는 주로 셀룰로스 사슬의 안쪽 부분을 무작위로 분해시키는 엔도글루카나아제(endoglucanase)와 주로 바깥쪽 부분으로부터 분해시키는 엑소글루카나아제(exoglucanase)의 복합체로 존재

그림 10-6. 목질계 바이오매스 당화 효소를 분비하는 균주의 예

곰팡이	세균
Acremonium celluloyticus	*Clostridium thermocellum*
Aspergillus acculeatus	*Ruminococcus albus*
Aspergillus fumigatus	*Streptomyces sp.*
Aspergillus niger	*Thermoactinonyxes sp.*
Fusarium silani	*Thermomonospora curvata*
Irpex lasteus	*Bacillus substillis*
Penicillium funmiculosum	*Bacillus pumilis*
Phanerochaete	*Bacillus mycoides*
Schizophyllum commune	*Pseudomonas fluorescens*
Sporotrichum cellulophilum	*Serratia marscens*
Talaromyces emersinii	*Cellulomonas xylanilytica*
Thielavia terrestris	
Trichoderma koningii	

한다. 이 복합체 효소의 작용으로 셀룰로스는 주로 셀로바이오스와 포도당으로 분해되는데, 이 생성물들은 오히려 이 효소반응의 억제제로 작용할 수 있기 때문에 셀로바이오스는 베타글루코시다아제에 의해 곧바로 포도당으로 전환되어야 한다. 베타글루코시다아제는 다른 종류의 균주로부터 생산하여 이용된다. 또한 생산물인 포도당의 농도가 너무 높아져도 효소반응이 방해받을 수 있기 때문에 공정의 개발적인 측면에서 이에 대한 보완책이 필요하다. 따라서 효소반응의 효율성을 최대화하기 위하여 여러 균주에서 생산된 섬유소 분해효소를 칵테일로 섞어서 최대의 효과를 보이는 효소를 개발하여 선보이고 있다(그림 10-7).

셀룰로스의 효소 가수분해에서 가장 중요한 요소로는 온도, pH, 투입되는 효소의 양, 기질 및 생산물의 농도, 저해제의 농도 등이 있는데, 이러한 요소들을 최적화하여 최대한 높은 전환율 및 수율을 얻을 수 있어야 생산성을 향상시킬 수 있다.

우리나라는 부존 자원이 부족해 이용할 수 있는 목질계 바이오매스 역시 상대적으로 부족하다. 최근에는 전국적으로 유채나 갈대 등을 심거나

그림 10-7. 섬유소 분해효소에 의한 셀룰로스의 분해 경로

임산 잔류물을 바이오매스로 이용하려는 노력이 이루어지고 있다. 또한 지역 특성에 따라 보리짚과 쌀짚 같은 특정한 바이오매스가 많이 수확되고 있어, 이를 이용하여 바이오 에탄올이나 화학 제품을 생산하는 연구가 활발하다. 유채의 경우는 유채 기름을 추출하여 식용으로 쓰거나 바이오 디젤을 제조할 수 있고, 나머지 유채 대의 성분은 셀룰로스이므로 전처리와 당화를 통해 당으로 전환시킨 후 다양한 생산물을 생산할 수 있다. 나머지 잔류물은 혐기성으로 처리하여 메탄가스도 생산할 수 있다. 갈대의 경우는 억새와 달리 물가에서 성장하기 때문에 환경적인 측면에서 중금속 등을 흡수할 수 있고, 수확하여 셀룰로스 바이오매스로 이용할 수 있는 장점도 있다. 이러한 지속적인 노력이 필요하며 외국에서 많이 수확되는 바이오매스를 이용하여 가능성 있는 핵심 기술을 개발하여 수출하는 것도 중요한 일이라 할 수 있겠다.

제3세대 바이오매스인 조류(algae)는 해수와 담수에 널리 분포하며 식물과 같이 물, 이산화탄소, 태양광을 이용하여 광합성을 하는데, 크게 미세 조류(microalgae)와 거대 조류(macroalgae)로 분류할 수 있다. 미세 조류는 보통 단세포로 현미경으로 관찰해야 볼 수 있고, 식물 플랑크톤이라고도 한다. 수많은 종이 있지만 예로부터 가장 잘 알려진 종으로 클로렐라, 스피룰리나 등이 있다. 거대 조류는 보통 다세포이며 육안으로 쉽게 볼 수 있고 보통 해조류(seaweeds)라고도 한다. 파래, 미역, 김, 우뭇가사리가 바로 그것이다. 거대 조류는 다양한 색깔을 띠고 있는데, 이 색깔에

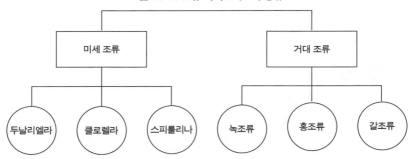

그림 10-8. 조류 바이오매스의 종류

미세 조류 / 거대 조류

두날리엘라 / 클로렐라 / 스피룰리나 / 녹조류 / 홍조류 / 갈조류

따라 청각, 파래 등의 녹조류(green algae), 김, 우뭇가사리 등의 홍조류(red algae), 미역, 다시마, 톳 등의 갈조류(brown algae)로 분류할 수 있다(그림 10-8).

보통 조류는 탄수화물, 다당류, 지질, 단백질 등 다양한 물질을 포함하거나 기능성 물질들을 생산할 수 있어서 식품, 의약품, 화장품, 바이오 에너지, 환경 등의 산업에 중요한 생물로 부각되고 있다. 거대 조류는 종류에 따라 조금씩 다르긴 하지만 보통 셀룰로스, 펙틴(pectin), 자일란(xylan), 만난(mannan) 등과 같은 탄수화물과 알긴산(alginic acid), 카레지난(carrageenan), 한천(agar) 등 다당류를 많이 포함하고 있고, 미세 조류는 지질, 탄수화물, 다당류, 단백질을 다양한 비율로 포함하고 있다.

거대 조류와 미세 조류를 효율적으로 이용하려면 목질계 바이오매스를 이용할 때 전처리를 수행했던 것처럼 산이나 알칼리 또는 적절한 효소를 이용할 수 있다. 특히 미세 조류는 지질을 포함하고 있기 때문에 우선 지질을 추출하여 바이오 디젤을 생산할 수 있고, 탄수화물인 셀룰로스는 포도당으로 전환하고, 다당류인 한천은 주성분이 갈락탄(galactan)으로 갈락토스로 전환시킬 수 있다. 전환된 포도당과 갈락토스로부터 바이오 에탄올 및 다양한 화학 제품을 생산할 수 있다.

최근 미세 조류로부터 항공유를 생산하기 위해 지질을 최대한으로 생산하는 균주를 개발하고, 바이오 디젤을 대량으로 생산하려는 연구가 진

그림 10-9. 조류 바이오매스의 응용 분야

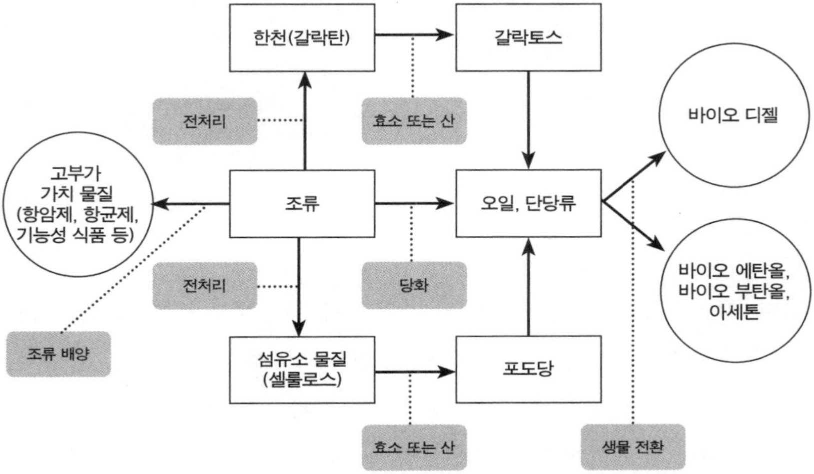

행되고 있다. 그뿐만 아니라 공장 및 전력 공급 시설 등에서 나오는 배기 가스에 포함된 CO_2를 이용하여 미세 조류를 배양하는 연구도 활발하게 진행되고 있다. 이 밖에도 미세 조류 배양 중에 고부가가치 물질을 생산 하려는 노력도 다각도로 이루어지고있다(그림 10-9).

제4세대 바이오매스는 유기성 잔류물로, 엄밀하게 말하면 제2세대 바 이오매스 중 농업 부산물, 폐목재, 신문지, 폐지 등도 포함되긴 하지만 여 기에서는 목질계 바이오매스로 분류한다. 다양한 산업에서 나오는 유기 성 잔류물이 많고, 특히 식품 산업에서 상당히 많은 양의 유기성 잔류물 들이 유래한다(그림 10-10).

식품 산업의 경우 사탕수수에서 설탕을 추출한 후 이용할 수 있는 당밀 (molasses), 옥수수에서 전분을 추출한 후 이용할 수 있는 옥수수 침지액 (corn steep liquor), 치즈 산업 부산물인 유청(whey), 라면 잔류물, 커피 찌 꺼기, 한약 찌꺼기 등이 있다. 예를 들어 당밀에는 보통 설탕이 50% 이상 포함되어 있어 다양한 발효의 기질로 이용되며, 옥수수 침지액은 아미노 산 등 질소화합물이 상당량 포함되어 있어 발효 배지의 질소원으로 이용

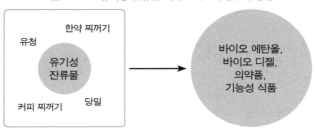

그림 10-10. 유기성 잔류물 바이오매스의 종류와 응용

되며, 유장은 유당이 많이 포함되어 있기 때문에 생물 전환 기질로 이용하여 기능성 식품 또는 의약품으로 활용되는 락툴로스(lactulose)를 생산할 수 있다. 또한 라면 잔류물의 경우 전분질과 지질이 포함되어 있어 바이오 에탄올과 바이오 디젤을 생산할 수 있다. 현재는 식품 산업에서 나오는 잔류물을 보통 값싼 동물 사료 등으로 많이 쓰지만, 성분을 분석하여 고부가가치 물질을 생산할 수 있다면 좋은 에너지원으로 이용할 수 있는 것이다.

이상과 같이 바이오매스의 종류와 특성을 알아보았다. 구성 성분들은 기능성 물질, 전분, 셀룰로스, 헤미셀룰로스, 리그닌, 지질, 단백질 등으로 다양하다. 따라서 이러한 물질들을 효율적으로 이용하여 바이오 에너지, 생체 고분자 물질, 바이오 화학 제품 등을 생산할 수 있다.

그러면 이러한 바이오매스로부터 몇 가지 최종 생산물을 생산하는 과정을 알아보도록 한다.

우선 바이오 에탄올과 바이오 디젤 등 바이오 에너지에 대해 설명하기로 한다.

중요한 수송용 바이오 에너지로서 이미 상용화된 바이오 디젤과 바이오 에탄올이 있는데, 바이오 디젤은 주로 식물의 기름 또는 지질로부터 만들어지고, 바이오 에탄올은 주로 곡류와 목질계 바이오매스로부터 만들어진다. 국가에 따라 조금 다르긴 하지만, 각각 100%의 바이오 디젤(BD 100)과 100%의 바이오 에탄올(BE 100)을 사용하는 경우도 있고, 바이오 디젤과 바이오 에탄올을 일정한 비율로 각각 디젤과 가솔린에 첨가하여 이용할 수 있다. 예를 들면 BD 10이면 90%의 디젤과 10%의 바이오 디젤을 혼합한 것이고, BE 10이면 90%의 가솔린과 10%의 바이오 에탄올을 혼합한 것이다. 가솔린과 바이오 에탄올을 혼합한 연료를 가소올(gasohol)이라 부른다. 이들을 자동차 연료로 혼합하여 사용하면 다음과 같은 장점이 있다. 바이오 디젤의 경우 질소산화물이 조금 증가할 수 있지만 일산화탄소, 탄화수소, 분진 등이 상당히 감소한다. 세탄가가 높고 산소 함유량이 높아서 자동차 엔진의 변형 없이 경유와 혼합하여 사용할 수 있다. 바이오 에탄올의 경우는 일산화탄소와 탄화수소의 방출을 일정량 감소시킬 수 있고 연소율도 향상된다. 또한 옥탄가도 향상되며 지구 온난화 방지에도 기여할 수 있다.

바이오매스로부터 연료 바이오 에탄올을 생산하여 이용하는 데 있어 탄소와 에너지 흐름을 살펴보면 대기 중의 이산화탄소를 이용하여 광합성에 의해 매년 방대한 양의 바이오매스가 합성되고 재생될 수 있기 때문에, 이를 바이오 에탄올로 전환하면 탄소 사이클이 균형 있게 형성된다.

특히 브라질에서는 오래전부터 사탕수수로부터 바이오 에탄올을 생산하여 자동차 연료용으로 사용해 왔다. 이는 에탄올이 가솔린을 대체할 수 있는 좋은 대체 에너지임을 보여 주고 있다. 대체 에너지로서의 연료용 바이오 에탄올은 일반적으로 바이오매스 중 가장 풍부한 목질계 바이오매스와 농산 폐기물로부터 전환될 수 있다. 최근에는 정책적으로 연료용뿐만 아니라 바이오 화학 산업을 위한 바이오리파이너리 공정에 이용하기 위한 에너지 작물로서 생육이 빠른 잡종 포플러, 버드나무, 갈대류 및 풀 등을 개발하고 있는 국가들도 많이 있다.

앞에서 언급하였듯이 바이오매스 전처리와 당화를 수행한 후 생산된 당인 자일로스를 발효할 수 있는 효모를 이용하여 바이오 에탄올로 전환시키거나, 포도당과 함께 발효시킬 수 있는 효모를 이용하여 전환시킬 수 있다. 그러나 포도당과 자일로스를 함께 발효시킬 수 있는 효율적인 효모는 많은 연구자들이 개발 중이나 아직까지 산업화되고 있지 않다. 포도당을 바이오 에탄올로 발효시키는 단계로서 가장 전통적인 방법은 분리 당화 발효(SHF: Separate Hydrolysis and Fermentation) 방법으로, 셀룰로스를 섬유소 분해효소를 이용하여 포도당으로 분해시킨 다음, 이를 효모에 의해 발효시키는 방법이다. 그러나 이러한 방법의 단점으로서는 생성된 셀로바이오스와 포도당이 강력한 억제제로 작용하여 많은 효소를 투입해야 하고 생물반응기도 2개가 필요하므로 결과적으로 바이오 에탄올의 생산 단가가 높아진다. 이러한 문제점을 해결하기 위해 효소에 의한 당화와 효모에 의한 발효가 1개의 생물반응기에서 동시에 수행되는 동시 당화 발효(SSF: Simultaneous Saccharification and Fermentation) 방법도 많이 이용되고 있다. 동시 당화 발효에서는 분리 당화 발효와는 달리 포도당이 생성되어 곧바로 바이오 에탄올로 전환되기 때문에 생물반응기 내에 포도당의 축적이 생기지 않아 생성물 억제 효과를 감소시킬 수 있다. 따라서 섬유소 분해효소의 투입량을 줄일 수 있어 생산성이 향상된다. 일반적으로 섬유소 분해효소의 최적 반응 온도는 50℃ 정도이고, 효모에 의한 바이오 에탄올 발효를 위한 최적 온도는 30-35℃ 정도이므로, 이 두 온도 사이의 최적 조건을 확립해야 한다. 그래서 고온 내성 효모를 이용하는 것이 생산성 측면에서 유리하다(그림 10-11).

그 밖에 목질계 바이오매스 전처리 후 혐기성 상태에서 직접 바이오 에탄올로 전환시키는 균주를 이용하는 연구도 진행되고 있지만, 아직까지 생산성이 낮아 이용되지 못하고 있다.

최근에는 포도당과 자일로스를 동시에 발효시킬 수 있는 효모를 개발하려는 연구가 많이 진행되고 있다. 일반적으로 가장 널리 알려진 효모인 사카로마이세스 세레비지애(*Saccharomyces cerevisiae*, 일명 맥주 효모균)는 6탄당인 포도당만을 발효시킬 수 있어 여러 연구자들이 유전자 조작을 통해 5탄당인 자일로스도 발효시킬 수 있는 효모를 개발하였으나, 바이오 에탄올 생산성이 낮고 자일로스를 발효하는 데 시간이 오래 걸려 실제로 이

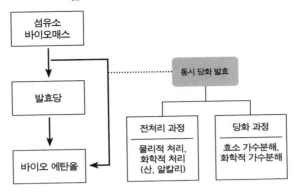

그림 10-11. 바이오 에탄올의 생산 방법

```
섬유소
바이오매스
    │
    ▼
  발효당 ·············· 동시 당화 발효
    │                      │
    ▼            ┌─────────┴─────────┐
바이오 에탄올    전처리 과정        당화 과정
              물리적 처리,      효소 가수분해,
              화학적 처리       화학적 가수분해
              (산, 알칼리)
```

용되지 못하고 있다. 따라서 피키아 스티피티스(*Pichia stipitis*)를 이용하려는 연구도 많이 진행되고 있는데, 이 효모는 바이오 에탄올 내성이 사카로마이세스 세레비지애에 비해 낮고 기질의 소모에 있어서 포도당을 먼저 이용한 다음 자일로스를 이용하는 이중 영양적 생식(diauxic)의 양상을 보인다. 그래서 포도당의 이용을 어느 정도 억제시키면서 포도당과 자일로스를 동시에 이용할 수 있고 바이오 에탄올 내성이 향상된 균주의 개발이 필요하다. 또 다른 연구로는 유전자 조작을 통하여 사카로마이세스 세레비지애의 세포 표면에 섬유소 분해효소를 발현시켜 동시 당화 발효를 수행하는 연구도 많이 진행되고 있다.

바이오매스로부터 바이오 에탄올을 생산하는 공정에서는 효소 생산 및 바이오 에탄올 생산 균주 개발, 그리고 전처리 기술 개발에 집중하고 있다.

바이오 디젤은 보통 팜유, 대두유, 유채유, 자트로파유 등의 식물성 유지 또는 조류로부터 추출한 지질로부터 트랜스에스테르화에 의해 생산되며, 탄소수가 16-20개의 지방산 에스테르 혼합물로 구성되어 있다. 식물성 유지 중에서 단위면적당 생산성이 가장 큰 것은 팜유로 알려져 있고, 디젤의 생산가와 비교하여 폐유지를 이용할 때 저렴하고 유채유나 대두유를 이용할 때 약간 높다. 바이오 디젤을 생산할 때 고려해야 할 중요

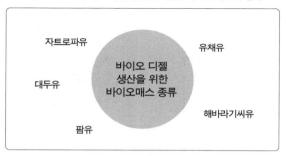

그림10-12. 바이오 디젤 생산을 위한 바이오매스의 종류

한 요소들로서 유리 지방산(free fatty acid)의 농도, 수분 함유량, 산화도, 그리고 점도 등이 있다(그림 10-12).

바이오 디젤을 생산하는 방법은 크게 화학적 방법과 효소적 방법으로 분류할 수 있으며, 각각의 방법에서 초임계 유체를 이용할 수도 있다(그림 10-13). 바이오 디젤은 촉매 존재하에 원료 유지인 트리글리세라이드(triglyceride)와 알코올(메탄올 또는 에탄올)이 반응하여 바이오 디젤인 지방산 메틸에스터(FAME: fatty acid methylester) 또는 지방산 에틸에스터(FAEE: fatty acid ethylester)가 생산되고 부산물로 글리세롤(glycerol)이 생산된다.

화학적 방법에서는 촉매를 산 또는 염기를 주로 사용하며, 현재 효율적이고 경제적인 바이오 디젤 생산을 위해 고체 촉매를 개발하는 연구가 진행되고 있다. 고체 촉매를 이용하면 고순도의 글리세롤이 생성되는 장점이 있다. 보통 원료 물질에 포함된 유리 지방산의 농도가 2%를 넘을 때는 산 촉매를 이용하며, 압력 80bar, 온도 250℃에서 2-4 시간 동안 반응시킨다. 그리고 원료 물질에 포함된 유리 지방산의 농도가 2% 이하일 때는 염기 촉매를 이용하며, 압력 9bar, 온도 60-100℃에서 10-30분 정도 반응시킨다. 따라서 폐식용유와 같이 유리 지방산의 농도가 높을 경우에는 우선 산 촉매를 이용하여 유리 지방산을 바이오 디젤로 전환시키고, 그 다음 단계로 염기 촉매를 이용하는 2단계 방법을 이용한다.

효소적 방법은 효소촉매로 리파아제(lipase)를 이용하며, 원료 물질에

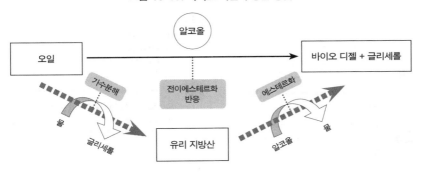

그림 10-13. 바이오 디젤의 생산 방법

포함된 유리 지방산의 농도가 높아도 반응을 하는 데 문제가 없다. 반응 조건도 온도와 압력이 높지 않고 용매를 사용하지 않기 때문에 환경 친화적이다. 또한 복잡한 분리 과정이 필요 없기 때문에 공정이 단순하다. 다만 반응 속도가 느려 보통 반응이 완결되는 데 24−48시간 정도가 걸리며, 효소의 가격이 비싸다는 것이 단점이다. 따라서 효소를 고정화함으로써 안정성을 높이고 가능한 한 장기간 재사용할 수 있어야 한다. 반응 동안 효소는 알코올과 접촉할 때 효소가 파괴되어 역가를 잃을 수 있기 때문에 알코올을 첨가할 때 효소에 영향을 미치지 않도록 적당한 양을 조금씩 첨가해 주는 전략을 쓴다. 따라서 알코올에 저항성이 있는 리파아제를 개발하는 것이 중요하다. 효소반응은 우선 가수분해반응이 일어나 트리글리세라이드가 일부 분해되고, 그 다음 알코올과 에스테르화 반응이 일어난다. 이 반응 중에 아실기(acyl group)가 이동하는 시간 때문에 반응 속도가 느려진다. 화학적 방법과 경쟁하기 위해 반응 속도를 높여야 하는데, 이는 다른 종류의 리파아제를 함께 이용함으로써 해결할 수 있다. 많은 다양한 미생물로부터 생산되는 리파아제의 종류에는 1,3-리파아제, 1,2-리파아제, 무특정(nonspecific) 리파아제 등이다. 1,3-리파아제나 무특정 리파아제 등 1종류의 리파아제를 이용하면 반응 속도가 느리지만, 2종류의 리파아제를 함께 쓰면 반응 속도를 높일 수 있다. 2종류의 리파아

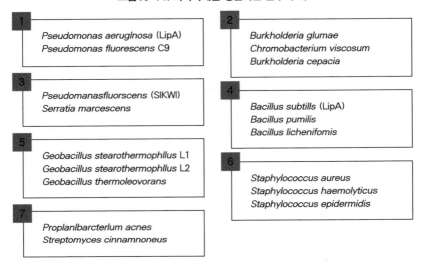

그림10-14. 리파아제를 생산하는 균주의 예

1
Pseudomonas aeruginosa (LipA)
Pseudomonas fluorescens C9

2
Burkholderia glumae
Chromobacterium viscosum
Burkholderia cepacia

3
Pseudomanasfluorscens (SIKWI)
Serratia marcescens

4
Bacillus subtills (LipA)
Bacillus pumilis
Bacillus lichenifomis

5
Geobacillus stearothermophllus L1
Geobacillus stearothermophllus L2
Geobacillus thermoleovorans

6
Staphylococcus aureus
Staphylococcus haemolyticus
Staphylococcus epidermidis

7
Proplanlbarcterlum acnes
Streptomyces cinnamnoneus

제를 각각 따로 담체에 고정화한 후 혼합해서 이용할 수 있고, 또는 한 담
체에 2종류의 리파아제를 함께 고정화해서 이용할 수도 있다. 고정화 리
파아제를 충진층 반응기에 충진하고 기질들을 공급하면 바이오 디젤을
연속적으로 생산할 수 있다. 최근에는 효모나 대장균 표면에 리파아제를
유전적으로 발현시켜 바이오 디젤을 생산하려는 연구가 진행되고 있다
(그림 10-14).

이와 같이 화학적 방법과 효소적 방법을 이용하여 바이오 디젤을 생
산할 때 부산물로 글리세롤이 생성되는데, 이를 보통 폐글리세롤(crude
glycerol)이라 부른다. 이 글리세롤을 고부가가치 생산물로 전환하기 위해
많은 연구가 진행되고 있다. 물론 화장품 산업에도 많이 쓰이지만 바이
오 디젤의 생산량이 증가하면서 글리세롤의 양도 증가하여 가격도 저렴
해졌다. 따라서 이를 원료로 하여 화학적·생물학적, 그리고 효소적 방법
을 이용하여 다양한 물질로 전환시키려는 노력이 집중되고 있다. 예를 들
면 바이오 에탄올, 바이오 부탄올, 수소 등의 바이오 에너지를 생산할 수
있고, 폴리에스터 수지, 부동액, 계면활성제, 보습제 및 그 밖의 화장품에

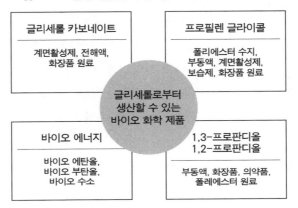

그림 10-15. 글리세롤로부터 생산할 수 있는 바이오 화학 제품

글리세롤 카보네이트	프로필렌 글라이콜
계면활성제, 전해액, 화장품 원료	폴리에스터 수지, 부동액, 계면활성제, 보습제, 화장품 원료

글리세롤로부터 생산할 수 있는 바이오 화학 제품

바이오 에너지	1,3-프로판디올 1,2-프로판디올
바이오 에탄올, 바이오 부탄올, 바이오 수소	부동액, 화장품, 의약품, 폴레에스터 원료

이용할 수 있는 기본 원료로 프로필렌 글리콜(propylene glycol)을 생산할 수 있다. 또한 부동액, 화장품, 의약품 및 폴리에스터를 제조할 수 있는 1,3-프로판디올(1,3-propandiol)과 1,2-프로판디올(1,2-propandiol)을 생산할 수 있으며, 계면활성제, 전해액, 화장품 등에 이용할 수 있는 글리세롤 카보네이트(glycerol carbonate)도 제조할 수 있다(그림 10-15).

최근에 많은 회사에서 다양한 플라스틱 및 살충제 제조를 위한 중간체 물질인 2,3-부탄디올(2,3-butanediol)을 바이오매스 유래 당으로부터 생산하려는 시도가 이루어지고 있다. 이 외에도 2012년부터 코카콜라(Coca-Cola)사, 포드(ford)사, 하인즈(Heinz)사 등 몇 개 회사가 컨소시엄을 이루어 다양한 폴리에스터의 원료인 테레프탈레산(TPA: terephthalic acid)을 바이오매스 유래 당과 리그닌으로부터 제조하는 공정을 개발하여 상업화를 위해 노력하고 있다. 현재는 화석연료로부터 테레프탈레산을 만들어 폴리에스터를 합성한 후 음료수, 필름, 섬유 등을 제조하고 있다.

식품 분야의 예를 들면 자일로스로부터 제조할 수 있는 자일리톨이 있다. 자일리톨은 식품 보존제, 음료수, 껌, 그리고 치약에도 쓰인다. 효모가 자일로스를 이용할 때 자일로스로부터 자일리톨(xylitol)로 전환하고, 그 다음 자일룰로스(xylulose)로 전환시킨 후 에너지를 생산하기 위해 해

그림 10-16. 바이오 매스와 바이오 화학 산업

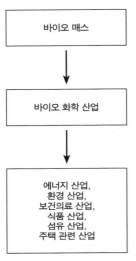

바이오 매스

↓

바이오 화학 산업

↓

에너지 산업, 환경 산업, 보건의료 산업, 식품 산업, 섬유 산업, 주택 관련 산업

당 작용(glycolysis) 회로로 들어간다. 이때 자일리톨에서 자일룰로스로 가는 대사를 유전자 수준에서 차단하면 관련 효소가 작용하지 못하고 자일리톨이 최종 제품으로 축적된다. 자일리톨의 혈당 지수(glycemic index)는 8밖에 되지 않는 것으로 알려져 있다. 여기에서 혈당 지수는 탄수화물을 포함한 식품을 섭취할 때 혈당이 높아지는 속도를 0~100으로 나타낸 것으로 포도당(100)을 기준으로 한다.

의약품 분야의 예를 들면 항생물질인 세팔로스포린 C(CPC: Cephalosporin C)를, 발효에 의해 생산한 후 화학적 또는 효소적 방법에 의해 세파계 항생제 중간체 물질인 7-ACA(7-Aminocephalosporanic acid)로 전환하여 항생물질 시장에 선보이고 있다. 이 물질로부터 다양한 세파계 항생제가 화학합성에 의해 제조되고 있다. CPC를 생산하는 데에는 기질로 포도당, 메티오닌 등이 필요한데, 이를 바이오매스 유래 물질인 값싼 자일로스, 글리세롤 등으로부터 생산할 수 있다.

전체적으로 요약하면 다양한 바이오매스로부터 얻을 수 있는 전분질, 셀룰로스, 헤미셀룰로스, 리그닌, 지질, 단백질, 당 등을 이용하여 세포의 대사나 효소의 생물 전환, 그리고 화학합성 등을 통해 기초 원료(building blocks), 중간체 물질, 최종 제품 등을 생산할 수 있다. 이러한 과정을 통해 제조될 수 있는 바이오 화학 분야로서 에너지, 환경, 보건의료, 식품, 섬유, 주택 관련 제품 등 인류의 생활 전반에 걸쳐 필요한 제품들을 생산할 수 있는 것이다(그림 10-16). 산업적으로도 석유를 기반으로 한 화학 산업에서 점차로 바이오매스를 기반으로 한 바이오 화학 산업으로 진화하고 있다.

참고문헌

제1장

강성우·김승욱. 〈생명공학의 현황과 미래〉. 《공업 화학 전망》, 4(1). 2001. pp. 34-44.

미래창조과학부. 《생명공학백서》. 2013.

미래창조부·보건복지부·교육부·환경부·농림축산식품부·해양수산부·산업통상자원부·식
품의약품안전처. 《생명공학 육성 시행 계획》. 2014.

산업연구원. 〈한국 산업의 발전 비전 2020 프로젝트〉. 2005.

삼성경제연구소. 〈대한민국 경제 60년의 대장정〉. 《CEO Information》, 제667호. 2008.

생명공학정책연구센터(BPRC). 〈글로벌 바이오 산업 현황 및 전망〉. 《BioINustry》, 99.
2015.

오태광. 〈국가 BT 혁신을 위한 전략과 과제〉. STEPI 과학기술 정책포럼. 2013.

유네스코한국위원회·한국공학한림원. 〈공학은 인류에게 무엇을 줄 수 있나 ─ 발전을 위한
이슈, 도전, 그리고 기회〉. 유네스코 공학보고서. 2013.

이철우·이규태·양인 옮김. 《대학혁명 ─ 미국 대학 총장의 고뇌》. 성균관대학교출판부, 2004;
James J. Duderstadt. *A university for the 21st century.*

MEST & BPRC. *Biotechnology in Korea.* 2011.

Thieman, W. J. and Palladino, M. A. *Introduction to Biotechnology.* Pearson, 2004.

Barnum, S. R. *Biotechnology ─ An Introduction*, 2nd Ed. Thomson. 2005.

제2장

고려대학교 생물공학실험실. 《실험실에서 못 다한 이야기》. 방원기 교수 정년퇴임 기념,
2010.

김승욱. 〈생물이 미래를 먹여 살린다〉. 《시사저널》. 2007. 6. 5. pp. 80-81.

김태억·김성우. 《기능성 식품 산업 시장 현황 및 천연물 소재 연구 개발》. ㈜K2B, 2009.

미래창조과학부. 〈제3절 농림축산식품 분야〉. 《생명공학백서》. 2013. pp. 327-334.

미래창조과학부·보건복지부·식품의약품안전처·농림축산식품부·환경부·농촌진흥청·산업
통상자원부·해양수산부·산림청. 《2015년도 생명연구자원 관리 시행 계획》. 2015.

생명공학정책연구센터. 《국가 생명자원 확보·관리 및 활용 마스터플랜》. BT정책기획보고
서 총서 제57권. 2008.

〈"오래된 미래"전―자연과 문명, 삶과 죽음을 사색하다〉. 《조선일보》. 2010. 12. 16.

윤영만. 〈국내 바이오매스 이용 실태와 활성화 방안〉. 《세계농업》, 제162호. 2014. pp. 1-25.

진태은. 〈생물자원, 바이오 경제 시대의 핵심 소재〉. 《Science & Technology Policy》. 2015. pp. 20-25.

하태열. 〈건강기능식품 연구 동향〉. 《BioINpro》, 15. 2015. pp. 1-13.

한국무역협회 국제무역연구원. 〈나고야 의정서 발효와 산업계 영향〉. 《Trade Brief》, 59. 2014. pp. 1-8.

Alexander Fleming. "On the antibacterial action of cultures of a Penicillin, with special reference to their use in the isolation of B. influenza." *The British Journal of Experimental Pathology*, 10(3). 1929. pp. 226-236.

David Perlman. "Some problems on the new horizons of applied microbiology." *Journal of Industrial Microbiology & Biotechnology*, 22. 1999. pp. 430-438.

"Bacteriologist ALEXANDER FLEMING." *Time*. Mar. 29. 1999.

제3장

김기은·김영민·송홍규·양덕조·이주연·최종선·홍연미 옮김, 《생명공학 기초에서 응용까지》. 지코사이언스, 2009; Renneberg, R. *Biotechnologie für Einsteiger*. 2007.

김정은 옮김. 《미토콘드리아》. 뿌리와 이파리, 2009; Nick Lane. *Power, Sex, Suicide ― Mitochondria and the Meaning of Life*. 2005.

Brock, T. D. and Madigan, M. T. *Biology of Microorganisms*, 6thed. Prentice-Hall, 1991.

Brown, T. A. *Gene Cloning and DNA Analysis ― An Introduction*, 6thed. Wiley-Blackwell, 2010.

Campbell, N. A., Reece, J. B., Urry, L. A., Cain, M. L., Wasserman, S. A., Minorsky, P. V., Jackson., R. B. *Biology ― A Global Approach*, 10thed. Pearson, 2015.

Enger, E. D., Kormelink, J. R., Ross, F. C. Smith, R. J. *Concepts in Biology*, 7thed. Wm. C. Brown Communications, Inc., 1994.

Gibson, D. G., Glass, J. I., Lartigue, C., Noskov, V. N., Chuang, R-Y., Algire, M. A., Benders, G. A., Montague, M. G., Ma, L., Moodie, M. M., Merryman, C., Vashee, S., Krishnakumar, R., Assad-Garcia, N., Andrews-Pfannkoch, C., Denisova, E. A., Young, L., Qi, Z-Q., Segall-Shapiro, T., Calvey, C. H., Parmar, P. P., Huchison III, C. A., Smith, H. O., Venter, J. C. "Creation of a bacterial cell controlled by a chemically synthesized genome." *Science*, 329, 5987. 2010. pp. 52-56.

Hutchison III, C. A., Chuang, R-Y, Noskov, V. N., Assad-Garcia, N., Deerinck, T. J., Ellisman, M. H., Gill, J., Kannan, K., Karas, B. J., Ma, L., Pelletier, J. F., Qi,

Z-Q., Richter, A., Strychalski, E. A., Sun, L., Suzuki, Y., Tsvetanova, B., Wise, K. S., Smith, H. O., Galss, J. I., Merryman, C., Gibson, D. G., Venter, J. C. Design and synthesis of a minimal bacterial genome." *Science*, 351, 6280, 2016, aad 6253.

Lee, J. M. *Biochemical Engineering*, Prentice-Hall Inc., 1992.

Shuler M. L. and Kargi, F. *Bioprocess Engineering — Basic Concepts*, 2nded. Prentice-HallInc., 2002.

Stanbury, P. F. and Whitaker A., Hall, S. J. *Principles of Fermentation*, 2nded. Butterworth Heinemann,1995.

Starr C. and Taggart H. *Cell Biology and Genetics in Biology: The Unity and Diversity of Life*, 8thed. Wadsworth Publishing Company, 1998.

제4장

Bloomfield, M. M. and Stephens, L. J. *Chemistry and the Living Organism*, 6thed. JohnWiley & Sons, Inc., 1996.

Buchholz, K. *Biocatalysts and Enzyme Technology*. Wiley-VCH, 2005.

Fessner, W. D. *Biocatalysis from Discovery to Application*. Springer-Verlag, 2000.

Guisan, J. M. *Immobilization of Enzymes and Cells*, 3rded. HumanaPress, 2013.

Kohler, V. *Protein Design: methods and applications*, 2nded. HumanaPress, 2014.

Lee, J. M. *Biochemical Engineering*. Prentice-Hall Inc., 1992.

Minteer, S. D. *Enzyme Stabilization and Immobilization: methods and protocols*. Humana Press, 2011.

Palmer, T. *Understanding Enzymes*, 4thed. Prentice Hall/Ellis Horwood Ltd., 1995.

Price, N. C. and Stevens, L. *Fundamentals of Enzymology — The cell and molecular biology of catalytic proteins*, 3rded. OxfordUniversityPress, 2000.

Pundir, C. S. *Enzyme Nanoparticles*. William Andrew Publishing, 2015.

Purich, D. *Enzyme Kinetics: Catalysis & Control*. Elsevier, 2010.

Shuler, M. L. and Kargi, F. *Bioprocess Engineering — Basic Concepts*, 2nded. Prentice-HallInc., 2002.

Smith, J. E. *Biotechnology*, 5thed. Cambridge, 2009.

Walsh, G and Headon, D. *Protein Biotechnology*, 1sted. John Wiley & Sons,1994.

제5장

고여욱. 《생물 의약품 연구개발 프로세스》. 한국생물공학회 총서 4. 월드사이언스, 2015.

김승욱·이진석·정용섭·조영일·홍석인 옮김. 《생물화학공학》. 희중당, 1993; Lee, J. M. *Biochemical Engineering*, 1ˢᵗed. Prentice-HallInternational, Inc.,1992.

방원기 옮김. 《산업미생물학》. 라이프사이언스, 2015; Sahm, H., Antrankian, G., Stahmann, K-P. and Takors, R. *Industrielle Mikrobiologie*. Springer, 2013.

송지용. 《바이오 의약품》. 홍릉과학출판사, 2011.

오계헌·김용휘·소재성·송홍규·차창준 옮김. 《생명공학의 이해》. 월드사이언스, 2005; John E. Smith. *Biotechnology*, 4ᵗʰed. Cambridge University Press, 2004.

정용섭·김승욱·김익환·윤형식·이재관·전계택·정연호·조무환·최정우·홍억기 옮김. 《생물공정공학》. 월드사이언스, 2015; Pauline M. Doran. *Bioprocess Engineering Principles*, 2ⁿᵈed. 2012.

주우홍·김승욱·김형권·노동현·이상한·이형범·백형석 옮김. 《미생물생물공학》. 월드사이언스, 2011; Alexander N. Glazer and Hiroshi Nikaido. *Microbial Biotechnology*, 2ⁿᵈed. 2009.

Bailey, J. E. and Ollis, D. F. *Biochemical Engineering Fundamentals*, 1ˢᵗed. McGraw-Hill Book Company, 1977.

Biotechnology by Open Learning. "In vitro cultivation of microorganisms," "Bioreactor design and product yield," "Energy sources for cells," "Product recovery in bioprocess technology." Open universiteit and Thames Polytechnic, 1992.

Blanch, H. W. and Clark, D. S. *Biochemical Engineering*, 1ˢᵗed. Marcel Dekker, Inc., 1996.

Claudia F-W. "Pfizer's penicillin pioneers." www.tcetoday.com. 2010.

Crueger, W. and Crueger, A. *Biotechnology — A Textbook of Industrial Microbiology*, 2ⁿᵈed. 1990.

Higgins, J., Best, D. J. and Jones, J. *Biotechnology*, 1ˢᵗed. Blackwell Scientific Publications, 1985.

Kyle, R. A. and Shampo, M. A. "Theodor Svedberg and the Ultracentrifuge." *Mayo Clinic Proc.*, 72. 1997. pp. 9, 830.

McNeil, B. and Harvey, L. M., *Fermentation*, 1ˢᵗed. IRL Press, 1990.

Pirt, S. J. *Principles of Microbes and Cell Cultivation*, 1ˢᵗed. John Wiley & Sons. 1975.

Prave P., Faust, U., Sittig, W. and Sukatsch, D. A. *Basic Biotechnology: VCH*. 1987.

Ratledge, C. and Kristiansen, B., *Basic Biotechnology*. Cambridge University Press, 3ʳᵈed. 2006.

Rao, D. G. *Introduction to Biochemical Engineering*, 3ʳᵈed. McGraw-Hill Co., 2007.

Schuler, M.L. and Kargi, F. *Bioprocess Engineering*, 1ˢᵗed. Prentice-Hall, Inc.,1992.

Scragg, A. *Biotechnology for Engineers*. 1ˢᵗed. Ellis Horwood Limited, 1988.

Stanbury, P. F. and Whitaker, A. *Principles of Fermentation Technology*, 1ˢᵗed. Pergamonpress, 1984.

Thieman W. J. and Palladino, M. A. *Introduction to Biotechnology*. Pearson, 2004.

Verachtert H. and Mot R. D. *Yeast; Biotechnology and Biocatalysis*. Dekker, 1984.

Walsh, G. *Pharmaceutical Biotechnology — Concepts and applications*. John Wiley & Sons Ltd., 2007.

Wang, D. I. C., Cooney, C. L., Demain, A. L., Dunnill, P., Humphrey, A. E. & Lilly, M. D. *Fermentation and Enzyme Technology*, 1sted. John Wiley & Sons, 1979.

Wiseman, A. *Principles of Biotechnology*, 2nded. Surrey University Press, 1988.

제6장

김승욱·이진석·정용섭·조영일·홍석인 옮김. 《생물화학공학》. 희중당, 1993; Lee, J. M. *Biochemical Engineering*, 1sted. Prentice-Hall International, Inc., 1992.

정용섭·김승욱·김익환·윤형식·이재관·전계택·정연호·조무환·최정우·홍억기 옮김. 《생물공정공학》. 월드사이언스, 2015; Pauline M. Doran. *Bioprocess Engineering Principle*s, 2nded. 2012.

주우홍·김승욱·김형권·노동현·이상한·이형범·백형석 옮김. 《미생물생물공학》. 월드사이언스, 2011; Alexander N. Glazer and Hiroshi Nikaido. *Microbial Biotechnology*, 2nded. 2009.

Bailey, J. E. and Ollis, D. F. *Biochemical Engineering Fundamentals*, 1sted. McGraw-Hill Book Company, 1977.

Biotechnology by Open Learning. "Bioreactor design and product yield." Open universiteit and Thames Polytechnic, 1992.

Blanch, H. W. and Clark, D. S. *Biochemical Engineering*, 1sted. Marcel Dekker, Inc. 1996.

Crueger, W. and Crueger, A. *Biotechnology — A Textbook of Industrial Microbiology*, 2nded. 1990.

Higgins, J., Best, D. J. and Jones, J. *Biotechnology*, 1sted. Blackwell Scientific Publications, 1985.

McNeil, B. and Harvey, L. M. *Fermentation*, 1sted. IRL Press, 1990.

Pirt, S. J. *Principles of Microbes and Cell Cultivation* 1sted. John Wiley and Sons, 1975.

Schuler, M. L. and Kargi, F. *Bioprocess Engineering*, 1sted. Prentice-Hall, Inc., 1992.

Scragg, A. *Biotechnology for Engineers*, 1sted. Ellis Horwood Limited, 1988.

Stanbury, P. F. and Whitaker, A. *Principles of Fermentation Technology*, 1sted. Pergamon press, 1984.

Wang, D. I. C., Cooney, C. L., Demain, A. L., Dunnill, P., Humphrey, A. E. and Lilly, M. D. *Fermentation and Enzyme Technology*, 1sted. John Wiley & Sons, 1979.

Wiseman, A. *Principles of Biotechnology*, 2nded. Surrey University Press, 1988.

제7장

치바타 이찌로오. 조영일 옮김. 《고정화 생체촉매》. 한국학술진흥재단번역저서 95. 대광
    문화사, 1999.

Buchholz, K. *Biocatalysts and Enzyme Technology*. Wiley-VCH, 2005.

Fessner, W. D. *Biocatalysis from Discovery to Application*. Springer-Verlag, 2000.

Guisan, J. M. *Immobilization of Enzymes and Cells*, 3rded. Humana Press, 2013.

Lee, J. H., Kim, S. B., Kang, S. W., Song, Y. S., Park, C., Han, S. O., and Kim, S. W.(2011).
    "Biodiesel production by a mixture of Candida rugosa and Rhizopus oryzae lipases
    using a supercritical canbon dioxide process." *Bioresource Technology*, 102, 2. 2105-
    2108.

Lee, J. H., Kim, S. B., Park, C., and Kim, S. W.(2010). "Effect of buffer mixture system on
    the activity of lipases during immobilization process." *Bioresource Technology*, 101, 1.
    s66-s70.

Lee, J. M. *Biochemical Engineering*. Prentice-Hall Inc., 1992.

Minteer, S. D. *Enzyme Stabilization and Immobilization: methods and protocols*. Humana
    Press, 2011.

Palmer, T. *Understanding Enzymes*, 4thed. Prentice Hall/Ellis Horwood Ltd., 1995.

Price, N. C. and Stevens, L. *Fundamentals of Enzymology — The cell and molecular biology
    of catalytic proteins*, 3rded. Oxford University Press, 2000.

Pundir, C. S. *Enzyme Nanoparticles*. William Andrew Publishing, 2015.

Purich, D. *Enzyme Kinetics: Catalysis & Control*. Elsevier, 2010.

Shuler M. L. and Kargi, F. *Bioprocess Engineering—Basic Concepts*, 2nded. Prentice-HallInc.,
    2002.

Walsh, G and Headon, D. *Protein Biotechnology*, 1sted. John Wiley & Sons, 1994.

Willaert, R. G., Baron, G. V. and Backer, L.D. *Immobilised Living Cell Systems—Modelling
    and Experimental Methods*. John Wiley & Sons, 1996.

제8장

김우식. 〈결정화 기술의 원리 및 응용〉. 《KIC News》, 10. 2007, p. 5.

이현용·윤원병·송상훈·안주희·박성진·이기영. 《식품 및 바이오 산업에의 응용 — 분리 및
    정제 기술》. 한국생물공학회 총서 2. 월드사이언스, 2012.

Asenjo, J. A. *Separation Processes in Biotechnology*. Marcel Dekker Inc., 1990.

Belter, P. A., Cussler, E. L. and Hu, W-S. *Biseparations ─ Downstream Processing for Bio-technology*. John Wiley & Sons, 1988.

Forciniti, D. *Industrial Bioseparations: Principles and Practice*. Blackwell Publishing Ltd., 2008.

Ghosh, R. *Principles of Bioseparations Engineering*. World Scientific Publishing Co., 2006.

Harrison, R. G., Todd, P., Rudge, S. R., and Petrides, D. P. *Bioseparations Science and Engineering*. Oxford University Press, 2003.

Harrison, R. G. "Bioseparation Basics." AIChE(American Institute of Chemical Engineers). www.aiche.org/cep. October 2014.

Ladisch, M.R. *Bioseparations Engineering ─ Principles, Practice, and Economics*. John Wiley & Sons Inc., 2001.

Lydersen, B. K., D'Elia N. A. and Nelson, K. L. *Bioprocess Engineering: Systems, Equipment and Facilities*. John Wiley & Sons Inc., 1994.

Schugerl, K. *Solvent Extraction in Biotechnology ─ Recovery of Primary and Secondary Metabolites*. Springer ─ Verlag, 1994.

Scopes, R. K. *Protein Purification ─ Principles and Practice*, 3rded. Springer-Verlag, 1994.

Zhang, S., Cao, X., Chu, J., Qian, J., Zhuang. "Bioreactors and bioseparation." *Adv. Biochem. Eng. Biotechnol.*, 122. 2010. pp. 105─150.

제9장

강경선. 〈줄기세포 최신 연구 동향〉. 《Bioinpro》, 16호. 2015. pp. 1─11.

강성우·김승욱. 〈생명공학의 현황과 미래〉. 《공업화학 전망》, 4(1). 2001. pp. 34─44.

고현수. 〈바이오시밀러 열풍, 어떻게 볼 것인가?〉. 《KIS Credit Monitor》. Special Report. 2012. pp. 13─35.

국가암정보센터. http://www.cancer.go.kr

김민지·이시원·이도경·박재은·강주연·박일호·신혜순·하남주. 〈임상에서 분리된 *Acinetobacter baumannii*의 항생제 내성 패턴과 유전학적 특징〉. 《약학회지》, 57. 2013. pp. 2, 132─138.

김병철. 〈분자 진단 기법을 통한 개인별 맞춤의학 ─ 표적 항암제 개발을 중심으로〉. 《Bioin 스페셜웹진》, 33호. 2013.

김연수·유승신. 〈유전자 치료제 연구 동향〉. 《Bioin 전문가 리포트》, 5호. 2014.

김철영. 〈U-헬스케어는 진단 키트에서 출발〉. 《현대 able Daily》, 8월호. 2014. Market Issue.

김태억. 〈바이오 의약품, 바이오시밀러 개발 현황 및 전망〉. 《Bioin 전문가 리포트》, 9호. 2015.

미래창조과학부. 《생명공학백서》. 2013.

바이오경제연구센터. 《Report III, 세포 치료제—새로운 기술의 시작》. 2010.

바이오인더스트리. 《글로벌 바이오 산업 현황 및 전망》. 생명공학정책연구센터, 2015.

생명공학정책연구센터. 《국가 생명자원 확보·관리 및 활용 마스터플랜》. BT정책기획보고
서 총서 제57권. 2008.

_____. 《바이오 의약품 기술 개발 동향—항바이러스 치료제를 중심으로》. BT기술동향보
고서, 121. 2009.

_____. 《백신 허가 현황》. 2012.

_____. 《바이오 이슈 모니터링》. 2015. pp. 15-41. ---

성백린. 〈백신 연구의 최신 동향〉. 《Bioin 스페셜 웹진》, 30호. 2012. pp. 1-22.

〈생물학적 제제 등 허가 및 심사에 관한 규정〉. 식품의약품안전처 고시 제2003-26호.

식품의약품안전처. 《백신 안전 사용을 위한 핸드북》. 2009.

신유원. 〈바이오시밀러(Biosimilars) 시장 동향 분석〉. 《보건산업진흥원 보건산업브리프》,
197호. 2015. pp. 1-8.

〈특허 만료로 항바이러스 제너릭 성장〉. 《약사신문》. 2012. 7. 5.

오일환. 〈줄기세포 치료제 동향 및 전망〉. 《Bioin 전문가리포트》, 9호. 2015. pp. 1-16.

오태진. 《방선균 유래 2차 대사물질의 생합성 및 관련 효소의 생물공학적 응용〉. 《Bioin
스페셜》, 25호. 2011. pp. 1-12.

이광문. 《기존 의약품과 구별되는 세포치료제의 특성과 고려사항》. 식품의약품안전처, 2008.

이나경. 〈백신 기반 기술로서의 면역증강제〉. 《분자세포생물학 뉴스레터》, 5. 2015. pp. 1-5.

우창우·김무웅. 〈글로벌 체외 진단 시장현황 및 전망〉. 《BioINdustry》, 91. 2015.

정형민. 〈줄기세포 기반 신약 개발 연구 동향〉. 《Bioinpro》, 16호. 2015. pp. 1-13.

조정종. 〈유전자 치료제 연구 동향 및 전망〉. 《Bioin 전문가 리포트》, 9호. 2015. pp. 1-18.

진태은. 《생물자원, 바이오 경제 시대의 핵심 소재》. 과학기술정책연구원. 2015. pp. 20-
25.

질병관리본부 학술연구용역사업 최종결과 보고서. 〈중소 병원 항생제 내성 정보의 체계적
인 수집 체계 구축〉. 2010.

최성환. 〈유전자 치료제 시대의 도래〉. 《머니투데이》. 2015. 5. 26.

한국무역협회 국제무역연구원. 〈나고야 의정서 발효와 산업계 영향〉. 《Trade Brief》, 59.
2014. pp. 1-8.

허영. 〈체외 진단 기기(In Vitro Diagnostics) 현황 및 전망〉. 경기과학기술진흥원. 《경기바
이오인사이트》, 11, 4-11. 2015.

현창구·홍순광. 〈방선균 유래 항생·항암물질 생합성 연구의 최근 동향〉. 《BioIn, BT 동
향, 산업 동향》. 2002. pp. 18-23.

"Drug resistance grows menacingly." *Bangkok Post*. 2015. 12. 21

LG경제연구원. 《바이오 산업의 미래상》. 2001.

Bogner, E. and Holzenburg, A. *New Concepts of antiviral theraphy*. Springer, 2006.

Cheng, C.-M., Kuan, C.-M., and Chen, C.-F. *In-Vitro Diagnostic Devices – Introduction to Current Point-of-Care Diagnostic Devices*. Springer International Pub. Switzerland, 2016.

Ganapathy S. *Biopharmaceutical Production Technology*. John Wiley & Sons, Inc., 2012.

Gee, A. *Cell Therapy – cGMP Facilities and Manufacturing*. Springer-Verlag U.S., 2009.

Giacca M. *Gene Therapy*. Springer-Verlag Italy, 2010.

Ho, R. J. Y. and Gibaldi, M. *Biotechnology and Biopharmaceuticals*. John Wiley & Sons, Inc., 2003.

Ko, Y. W. "Biopharmaceuticals R & D Process." *The Korean Society for Biotechnology and Bioengineering(KSBB)* ed. 4, World Science, 2015.

Lancini, G. and Parenti, F. *Antibiotics – An Integrated View*. Springer-Verlag, 1982.

Largent, M. A. *Vaccine*. Johns Hopkins University Press, 2012

Prugnaud, J.-L. and Trouvin, J.-H. (eds.). *Biosimilars – A New Generation of Biologics*. Springer-Verlag France, 2013.

Saltzman, W. M. *Biomedical Engineering – Bridging Medicine and Technology*. Cambridge University Press, 2015.

Song, J. Y. *Biopharmaceuticals*. Hongreung Science Pub., 2011.

Spencer, P. and Holt W. *Anticancer Drugs: Design, Delivery and Pharmacology*. Nova Science Pub. Inc., 2009.

Walsh, G. *Biopharmaceuticals – Biochemistry and Biotechnology*, 2nd ed., John Wiley & Sons Ltd., 2003.

제10장

강희찬. 〈한국형 바이오 연료의 가능성 평가 및 시사점〉. 《Issue Paper》. 삼성경제연구소, 2007.

경기과학기술진흥원. 〈바이오 화학 산업 동향〉. 《바이오 인사이트》, 13호. 2015.

김경헌. 〈효율적인 목질계 바이오매스 이용을 위한 전처리 기술〉. 서울대 바이오리파이너리 특강. 2012. 연재 7.

김슬기·황현진·김재덕·고은혜·최정섭·김진석. 〈발효 당용액 생산 자원으로서 담수조류 그물말의 유용성〉. 《한국잡초학회지》, 32(2). 2012. pp. 85–97.

김승욱. 〈바이오 디젤의 생산 공정과 부산물 활용 기술〉. 서울대 바이오리파이너리 특강. 2012. 연재 8.

김은성·현서은·이기선·김기섭. 〈이온성 액체 연구 동향〉. 《NICE》, 32, 1. 2014. pp. 56–64.

김정환·김연희·김성구·김병우·남수완. 〈해양 미생물 유래 해조 다당류 분해효소의 특성 및 산업적 응용〉. 《한국미생물생명공학회지》, 39, 3. 2011. pp. 189–199.

미래창조과학부 《생명공학백서》. 2013.

신성철. 〈바이오 디젤 품질 관리 및 활성화 방안〉. 《NICE》, 25, 6. 2007. pp. 626-631.

연변과학기술대학. 〈바이오매스 유래 TPA 생산 기술〉. NEACITE 연구소 & KBCH. 《Trend in White Biotech》. 기획 분석 보고서. 2015. pp. 30-43.

윤영만. 〈국내 바이오매스 이용 실태와 활성화 방안〉. 《세계농업》, 제162호. 세계농식품 산업동향. 2014. pp. 1-25.

이윤우. 〈초임계 유체를 이용한 바이오 디젤 연료의 제조 기술〉. 《NICE》, 25, 6. 2007. pp. 620-625.

이종호·김승욱. 〈신재생에너지로서 바이오 디젤 생산 기술의 현황〉. 《NICE》, 25, 6. 2007. p. 608.

_____. 〈효소적인 방법을 이용한 바이오 디젤의 생산〉. 《NICE》, 25, 6. 2007. pp. 617-619.

_____. 〈폐글리세롤의 고부가가치 물질로의 전환〉. 《NICE》, 27, 4. 2009. pp. 434-440.

이진석. 〈화학촉매에 의한 바이오 디젤 생산〉. 《NICE》, 25, 6. 2007. pp. 613-617.

차운오. 〈바이오 디젤 산업 동향〉. 《NICE》, 25, 6. 2007. pp. 609-613.

한국과학기술한림원. 〈바이오 기반 연료 및 화학 산업의 현황과 도전〉. 《연구보고서》, 50. 2008.

황인택·황진수·임희경·박노중. 〈잡초 및 농림부산물을 이용한 Biorefinery 기술 개발〉. 《한잡초지》, 30(4). 2010. pp. 340-360.

Baskar, C., Baskar, S., and Dhillon, R. S. (eds.). *Biomass Conversion*. Springer-Verlag Germany, 2012.

Brenes, M. D.(ed.). *Biomass and Bioenergy: New Research*. Nova Science Pub., 2006.

Chang H. N. Kim, N-J., Kang, J., and Jeong, C. M. "Biomass-derived volatile fatty acid platform for fuels and chemicals." *Biotechnol. Bioprocess Eng.*, 15, 1. 2010. pp. 1-10.

Dumeignil, F., Dibenedetto, A., and Aresta, M. (eds.). *Biorefinery: From Biomass to Chemicals and Fuels*. De Gruyter, 2012.

Fanchi, J. R., and Fanchi, C. J. *Energy in the 21st Century*, 3rd ed., World Scientific Pub., 2013.

Kim, S. B., Park, C., and Kim S. W. "Process design and evaluation of production of bioethanol and beta-lactam antibiotic from lignocellulosic biomass." *Bioresource Technology*, 172. 2014. pp. 194-200.

Lee, J. H., Kim, S. B., Kang, S. W., Song, Y. S., Park, C., Han, S. O., and Kim, S. W.(2011). "Biodiesel production by a mixture of Candida rugosa and Rhizopus oryzae lipases using a supercritical canbon dioxide process." *Bioresource Technology*, 102, 2, 2105-

2108.

Liguori, R. and Faraco, V.(2016). "Biological processes for advancing lignocellulosic waste biorefinery by advocating circular economy." *Bioresource Technology*, 215. 13-20.

NREL(National Renewable Energy Laboratory). http://www.nrel.gov/

Oh, Y.-K. and Na, J.-G.(2015). "Microalgal biodiesel production process." *Korean Industrial Chemistry(KIC) News*, 18, 3. 1-14.

Thapa, L. P., Lee, S. J., Yang, X., Lee, J. H., Choi, H. S., Park, C., and Kim, S. W. "Improved bioethanol production from metabolic engineering of Enterobacter aerogenes ATCC 29007." *Process Biochemistry*, 50, 12. 2015. pp. 2051-2060.

Wall, J. D., Harwood, C. S., and Demain, A. *Bioenergy*. ASM Press, 2008.

Yang, X., Choi, H. S., Park, C., and Kim, S. W. Current states and prospects of organic waste utilization for biorefineries, *Renewable and Sustainable Energy Reviews*, 49. 2015. pp. 335-349.

Yang X., Lee, S. J., Yoo, H. Y., Choi, H. S., Park, C., and Kim, S. W. "Biorefinery of instant noodle waste to biofuels." *Bioresource Technology*, 159. 2014. pp. 17-23.

찾아보기

고려대학교핵심교양 2

생명공학 기술과 바이오 산업

초판 발행   2016년 9월 27일
초판 6쇄   2024년 9월 5일

지은이   김승욱
펴낸곳   고려대학교출판문화원
            www.kupress.com
            kupress@korea.ac.kr
            (02841) 서울특별시 성북구 안암로 145
            Tel   02-3290-4230, 4232
            Fax 02-923-6311
찍은곳   네오프린텍(주)

ISBN   978-89-7641-910-1 94500

값 15,000원
※ 잘못 만들어진 책은 바꿔 드립니다.